PEARSON

[加] ｜ Herb Sutter
[罗] ｜ Andrei Alexandrescu ｜ 著

刘基诚 ｜ 译

# C++ 编程规范

## 101条规则、准则与最佳实践

*C++ Coding Standards:*

*101 Rules, Guidelines, and Best Practices*

人民邮电出版社

北 京

图书在版编目（CIP）数据

C++编程规范：101条规则、准则与最佳实践 / （加）萨特（Sutter, H.），（罗）安德烈亚历克斯安德莱斯库（Alexandrescu, A.）著；刘基诚译. -- 北京：人民邮电出版社，2016.3（2023.12重印）
ISBN 978-7-115-35135-7

Ⅰ. ①C… Ⅱ. ①萨… ②安… ③刘… Ⅲ. ①C语言—程序设计 Ⅳ. ①TP312

中国版本图书馆CIP数据核字(2015)第007172号

## 版 权 声 明

♦ 著 ［加］Herb Sutter ［罗］Andrei Alexandrescu
译 刘基诚
责任编辑 傅道坤
责任印制 张佳莹 焦志炜
♦ 人民邮电出版社出版发行 北京市丰台区成寿寺路 11 号
邮编 100164 电子邮件 315@ptpress.com.cn
网址 http://www.ptpress.com.cn
固安县铭成印刷有限公司印刷
♦ 开本 800×1000 1/16
印张 14.25 2016 年 3 月第 1 版
字数 325 千字 2023 年 12 月河北第 14 次印刷
著作权合同登记号 图字：01-2005-3574 号

定价：59.90 元

读者服务热线：(010)81055410 印装质量热线：(010)81055316
反盗版热线：(010)81055315

# 内 容 提 要

在本书中，两位知名的C++专家将全球C++界20年的集体智慧和经验凝结成一套编程规范。这些规范可以作为每一个开发团队制定实际开发规范的基础，更是每一位C++程序员应该遵循的行事准则。书中对每一条规范都给出了精确的描述，并辅以实例说明；从类型定义到错误处理，都给出了最佳的C++实践，即使使用C++多年的程序员也会从本书中受益匪浅。

本书适合于各层次C++程序员使用，也可作为高等院校C++课程的教学参考书。

# 前　言

尽早进入正轨：以同样的方式实施同样的过程。不断积累惯用法。
**将其标准化。** 如此，你与莎士比亚之间的唯一区别将只是掌握
惯用法的多少，而非词汇的多少。

——Alan Perlis[①]

标准最大的优点在于，它提供了如此多样的选择。

——出处尚无定论

我们之所以编写本书，作为各开发团队编程规范的基础，有下面两个主要原因。

- 编程规范应该反映业界最久经考验的经验。它应该包含凝聚了经验和对语言的深刻理解的公认的惯用法。具体而言，编程规范应该牢固地建立在大量丰富的软件开发文献的基础之上，把散布在各种来源的规则、准则和最佳实践汇集在一起。
- 不可能存在真空状态。通常，如果你不能有意识地制定合理的规则，那么就会有其他人推行他们自己喜欢的规则集。这样产生的编程规范往往具有各种最不应该出现的属性。例如，许多这样的编程规范都试图强制尽量少地按 C 语言的方式使用 C++。

许多糟糕的编程规范都是由一些没有很好地理解语言、没有很好地理解软件开发或者试图标准化过多东西的人制定的。糟糕的编程规范会很快丧失可信度，如果程序员不喜欢或者不同意其中一些糟糕的准则，那么即使规范中有一些合理的准则，也可能被不抱幻想的程序员所忽略，这还是最好的情况，最坏的情况下，糟糕的标准可能真会被强制执行。

## 如何使用本书

三思而行。应该遵循好的准则，但是不要盲从。在本书的各准则中，请注意“例外情况”部分阐明了该准则可能不适用的不太常见的情况。任何准则，无论如何正确（当然，我们自认为本

---

[①] Alan Perlis（1922—1990）“因为在高级程序设计技术和编译器构造领域的影响”而获得 1966 年首届图灵奖。他是影响深远的计算机科学先驱之一，曾担任 ALGOL 语言设计委员会主席，倡议创办了 *Communications of ACM* 杂志并担任首任主编，对计算机成为独立学科起到了关键性的作用。1982 年他在 *SIGPLAN* 杂志上发表的 “Epigrams in Programming”（编程格言）一文，由 130 条格言组成，凝练隽永，多年来一直被广泛引用，本书亦然。——译者注

书中的准则是正确的），都不能代替自己的思考。

每个开发团队都应该制定自己的标准，制定标准的时候都应该尽职尽责。这项工作是整个团队的事情。如果你是团队负责人，应该让团队成员都参与制定标准。人们当然更愿意遵守“自己的”标准，而非别人强加的一堆规矩。

编写本书的目的是为各开发团队提供编程规范的基础和参考。它并不是要成为终极编程规范，因为不同的团队会有适合特定群体或者特定任务的更多准则，应该大胆地将这些准则加入本书的条款中。但是我们希望本书能够通过记载和引用广泛接受的、权威的、几乎可以通用的（“例外情况”指出的除外）实践经验，减少读者制定或重新制定自己的编程规范的工作量，从而帮助提高读者所用编程规范的质量和一致性。

让团队人员阅读这些准则及其原理阐释（也就是本书全文，根据需要还包括所选条款引用的其他书籍和论文），共同决定是否有团队根本无法接受的内容（比如，由于某些项目特殊的情况），然后实践其余规范。一旦采纳，如果未与整个团队协商，任何人不得违反团队编程规范。

最后，团队还需定期复查这些准则，加入实际应用中得出的经验和反馈。

## 编程规范与人的关系

好的编程规范能够带来下列许多相互关联的优点。

- 改善代码质量。鼓励开发人员一贯地正确行事，从而能够直接提高软件的质量和可维护性。
- 提高开发速度。开发人员不需要总是从一些基本原则出发进行决策。
- 增进团队精神。有助于减少在一些小事上不必要的争论，使团队成员更容易阅读和维护其他成员的代码。
- 在正确的方向上取得一致。使开发人员放开手脚，在有意义的方向上发挥创造性。

在压力和时间的要求下，人们将按所受到的训练行事。他们会求助于习惯。这正是医院的急诊室之所以要雇佣有经验的、训练有素的人员的原因所在，知识再渊博的新手到时候也会手足无措。

作为软件开发人员，我们总是面临着工期压缩的巨大的压力。在进度压力下，我们按所受过的训练和习惯工作。平时不知道软件工程良好实践的（或者不习惯应用这些实践的）马虎程序员，在压力下将编写出更加马虎、错误更多的代码。相反，养成良好习惯并经常按此工作的程序员将保持自己的组织性，快速提交高质量的代码。

本书所介绍的编程规范是集编写高质量 C++ 代码准则之大成。它们是 C++ 社区丰富集体经验的精华总结。这一知识体系中的大量内容，此前要么只能零零碎碎地从不同的书中找到，要么需要依靠口口相传。编写本书的目的就是要将这些知识收集起来，汇成一组简练合理、易于理解、容易实施的规则。

当然，即使有最佳编程规范，还是有人会编写出糟糕的代码。任何语言、过程或者方法皆然。

但是，好的编程规范集能够培养超越规则本身的良好习惯和纪律。这种基础一旦打好，就将打开通往更高层次的大门。这里没有捷径可走：在学会写诗之前必须首先扩大词汇量，熟悉语法。我们只希望本书能够对读者所经历的这一过程有所裨益。

我们希望本书适用于各种层次的 C++ 程序员。

如果你是初级程序员，我们希望你能够发现，这些规则及其原理阐释有助于理解 C++ 语言对哪些风格和惯用法的支持最为自然。我们为每一规则和准则都提供了简洁的原理阐释和讨论，这是为了鼓励你重在理解，而不是死记硬背。

对于中级或者高级程序员，我们下了很大功夫为每一规则都提供了详细的准确引用列表。这样，你就能够对规则在 C++ 类型系统、语法和对象模型中的来历作进一步的研究。

总而言之，你很可能工作在一个复杂项目的团队中。这正是编程规范的用武之地——你可以使用这些规范将团队统一提高到同一层次，并为代码审查打下基础。

# 关于本书

我们为本书制定了以下设计目标。

- 一寸短，一寸强。篇幅极长的编程规范很难被人接受，而短小精悍的才会有人阅读和使用。同样，长的条款容易被人忽视，而短的条款才会被阅读和使用。
- 每个条款都必须是无可争议的。本书的目的是为了记载已达成广泛共识的标准，而不是凭空发明一些规范。如果有什么准则并非在所有情况下都适用，我们会明确指出（比如用"考虑……"而不是"应该……"来陈述），并提供普遍接受的例外情况。
- 每个条款都必须具有权威性。本书中的准则均引用已出版著作作为支持。编写本书的目的也包括提供 C++ 文献的索引。
- 每个条款都必须有阐述的价值。我们不为肯定会做的事情（比如编译器已经强制要求或者检查的事情）或者其他条款已经涵盖的事情定义准则。

    例如，"不要返回自动变量的指针/引用"是一个不错的准则，但是我们没有将它放在本书中，因为我们测试过的所有编译器都会对此发出警告，所以这一问题已经涵盖在更广的第 1 条"在高警告级别干净利落地进行编译"中了。

    例如，"使用编辑器（或者编译器，或者调试器）"是一个不错的准则，但是你当然会使用这些工具，这是不言自明的。但前四个条款中有两个是关于其他工具的："使用自动构建系统"和"使用版本控制系统"。

    例如，"不要滥用 goto 语句"是一个很好的条款，但是根据我们的经验，程序员普遍都知道这一点，对此毋庸多言。

每个条款都遵照下面的格式。

- 条款标题：最简单而又意味深长的"原音重现"，有助于更好地记忆规则。
- 摘要：最核心的要点，简要陈述。
- 讨论：对准则的展开说明。通常包括对原理的简要阐释，但是请记住，原理阐释的主要部分都有意识地留在参考文献中了。

- 示例（可选）：说明规则或者有助于记忆规则的实例。
- 例外情况（可选）：规则不适用的任何（通常是比较罕见的）情况。但是要小心，不要掉入过于匆忙而不加思考的陷阱："噢，我很特殊，所以这条规则对我的情况并不适用。"这种推理很常见，但是通常都是错的。
- 参考文献：可以参考其中提到的 C++文献的章节，进而获得完整的细节和分析。

每一部分中，我们都会选择推荐一个"最有价值条款"。通常，它是该部分中的第一个条款，因为我们尽量将重要的条款放在每一部分的前面。但是有时候，出于连贯和可读性的考虑，我们不能将重要的条款前置，因此需要采取这样的办法突出它们，以引起特别注意。

## 致谢

非常感谢丛书[①]主编 Bjarne Stroustrup、本书的编辑 Peter Gordon 和 Debbie Lafferty，还有 Tyrrell Albaugh、Kim Boedigheimer、John Fuller、Bernard Gaffney、Curt Johnson、Chanda Leary-Coutu、Charles Leddy、Heather Mullane、Chuti Prasertsith、Lara Wysong，以及 Addison-Wesley 团队的其他成员，感谢他们在本书写作过程中给予的协助和坚持。能和他们共事很荣幸。

各条款标题中"原音重现"的灵感有许多来源，包括[Cline99]的幽默风格和[Peters99]中经典的**"import this"**，还有具传奇色彩的 Alan Perlis 和他被广为引用的格言。

我们特别想感谢在本书技术审阅方面做出贡献的人，他们的工作使本书许多部分增色不少。从选题开始直到最终成稿，丛书主编 Bjarne Stroustrup 所提出的尖锐而又透彻的意见对本书影响至深。我们要特别感谢 Dave Abrahams、Marshall Cline、Kevlin Henney、Howard Hinnant、Jim Hyslop、Nicolai Josuttis、Jon Kalb、Max Khesin、Stan Lippman、Scott Meyers 和 Daveed Vandevoorde 积极参与审阅，并对原稿多个版本的草稿都提出了详细的意见。其他有价值的意见和反馈要归功于 Chuck Allison、Samir Bajaj、Marc Barbour、Damian Dechev、Steve Dewhurst、Peter Dimov、Alan Griffiths、Michi Henning、James Kanze、Matt Marcus、Petru Marginean、Robert C."Uncle Bob" Martin、Jeff Peil、Peter Pirkelbauer、Vladimir Prus、Dan Saks、Luke Wagner、Matthew Wilson 和 Leor Zolman。

与往常一样，书中仍然会存在错误、疏漏和含混之处，对此作者负全责。

Herb Sutter
Andrei Alexandrescu
2004 年 9 月
于美国华盛顿州西雅图市

---

[①] 指 Addison-Wesley 公司出版的著名的 *C++ In-Depth* 丛书，包括 *Essential C++*、*Accelerated C++*、*Exceptional C++*、*Modern C++ Design* 等，这些书多已在国内引进出版。——译者注

# 目　　录

## STL：算法 ................................................................................................. 159

## 类型安全 ..................................................................................................... 173

# 组织和策略问题

> 如果人们按照程序员编程的方式修建房屋，
> 那么一只啄木鸟就能毁灭整个文明。
>
> ——Gerald Weinberg[①]

为了遵从 C 和 C++的伟大传统，我们从 0 开始编号。首要的指导原则，也就是第 0 条，阐明了我们认为对编程规范而言最为基本的建议。

接下来，这个导论性部分的其他条款将主要讲述几个精心选择的基本问题，这些问题大多数与代码本身并没有直接关系，它们讨论的是编写坚实代码所必需的工具和技术。

本部分中我们选出的最有价值条款是第 0 条："不要拘泥于小节"（又名："了解哪些东西不应该标准化"）。

---

 ① Gerald Weinberg 是著名的软件思想家（他自称 thinker），因《程序开发心理学》等书名世，以对软件开发的深刻洞察而著称。——译者注

# 第❶条
# 不要拘泥于小节①（又名：了解哪些东西不应该标准化）

## 摘要

只规定需要规定的事情：不要强制施加个人喜好或者过时的做法。

## 讨论

有些问题只是个人喜好，并不影响程序的正确性或者可读性，所以这些问题不应该出现在编程规范中。任何专业程序员都可以很容易地阅读和编写与其习惯的格式略有不同的代码。

应该在每个源文件乃至每个项目中都使用一致的格式，因为同一段代码中要在几种编程风格（style）之间换来换去是很不舒服的。但是无需在多个项目或者整个公司范围内强制实施一致的格式。

下面列举了几种常见的情况，在这里重要的不是设定规则，而是与所维护的文件中已经使用的体例保持一致。

- 不要规定缩进多少，应该规定要用缩进来体现代码的结构。缩进空格的数量可以遵照个人习惯，但是至少在每个文件中应该保持一致。
- 不要强制行的具体长度，应该保证代码行的长度有利于阅读。可以遵照个人习惯来决定行长，但是不要过长。研究表明，文字长度不超过 10 个单词最利于阅读。
- 不要在命名方面规定过多，应该规定的是使用一致的命名规范。只有两点是必需的：（1）永远不要使用"晦涩的名称"，即以下划线开始或者包含双下划线的名称；（2）总是使用形如 ONLY_UPPERCASE_NAMES 的全大写字母表示宏，不要考虑使用常见的词或者缩略语作为宏的名称（包括常见的模板参数，比如 T 和 U；像#define T *anything* 这样的代码是极容易混淆的）。此外，应该使用一致的、有意义的名称，遵循文件的或者模块的规范。（如果你无法决定自己的命名规范，可以尝试如下命名规则：类、函数和枚举的名称形如 LikeThis，即单词首字母大写；变量名形如 likeThis，即第一个单词首字母小写，第二个单词首字母大写；私有成员变量名形如 likeThis_；宏名称形如 LIKE_THIS。）
- 不要规定注释风格（除非需要使用工具从特定的体例中提取出文档），应该编写有用的注释。尽可能编写代码而不是写注释（比如，见第 16 条）。不要在注释中重复写代码语义，这样很容易产生不一致。应该编写的是解释方法和原理的说明性注释。

最后，不要尝试强制实施过时的规则（见例 3 和例 4），即使它们曾经在一些比较陈旧的编程规范中出现过。

## 示例

**例 1**　大括号的位置。以下代码在可读性方面并不存在区别：

---

① 出自 Richard Carlson 的畅销书 *Don't Sweat the Small Stuff... and It's all Small Stuff*，中文版译名为《别为小事抓狂》。——译者注

```
void using_k_and_r_style() {
  //······
}①

void putting_each_brace_on_its_own_line()
{
  //······
}②

void or_putting_each_brace_on_its_own_line_indented()
  {
  //······
  }③
```

任何一个专业程序员都能够毫无困难地阅读和编写这些体例中的任何一种。但是应该保持一致：不要随意地或者以容易混淆作用域嵌套关系的方式放置大括号，要尽量遵循每个文件中已经使用的体例。在本书中，对大括号位置的选择主要是为了能够在编辑允许范围内得到最佳可读性。

例2　空格与制表符。有些团队禁用制表符（比如[BoostLRG]），因为不同的编辑器中制表符的设定是不同的，如果使用不当，会将缩进变为"缩出"和"无缩进"。其他同样受人尊敬的团队则允许使用制表符，并采取了一些能够避免其潜在缺陷的规定。这都是合理的，其实只要保持一致即可：如果允许使用制表符，那么要确保团队成员维护彼此的代码时，不会影响代码的清晰和可读性（见第6条）。如果不允许使用制表符，应该允许编辑器在读入源文件时将空格转换为制表符，使用户能够在编辑器中使用制表符，但是在将文件写回时，一定要将制表符转换回空格。

例3　匈牙利记法。将类型信息并入变量名的记法，是混用了类型不安全语言（特别是C）中的设施，这在面向对象语言中是可以存在的，但是有害无益，在泛型编程中则根本不可行。所以，任何C++编程规范都不应该要求使用匈牙利记法，而在规范中选择禁用该法则是合理的。

例4　单入口，单出口（SESE，Single Entry, Single Exit）。历史上，有些编程规范曾经要求每个函数都只能有一个出口，也就意味着只能有一个return语句。这种要求对于支持异常和析构函数的语言而言已经过时了，在这样的语言中，函数通常都有多个隐含的出口。取而代之，应该遵循类似于第5条那样的标准，即直接提倡更简单的、更短小的函数，这样的函数本身更易于理解，更容易防错。

## 参考文献

[BoostLRG] • [Brooks95]§12④ • [Constantine95]§29 • [Keffer95]p.1 • [Kernighan99] §1.1, §1.3, §1.6-7 • [Lakos96]§1.4.1, §2.7 • [McConnell93] §9⑤, §19 • [Stroustrup94] §4.2-3 • [Stroustrup00] §4.9.3, §6.4, §7.8, §C.1 • [Sutter00] §6, §20 • [SuttHysl01]

---

① 这是纯C（K&R）风格的括号位置，如函数名所示。——译者注
② 每个括号一行，如函数名所示。——译者注
③ 每个括号一行并缩进，如函数名所示。——译者注
④《人月神话》第12章"干将莫邪"（Sharp Tools）主要讨论工具问题。其中谈到："项目经理必须考虑、计划、组织的工具到底有哪些呢？……需要语言，语言的使用准则必须明确。"——译者注
⑤ *Code Complete* 一书（此书新版已经于2004年底出版）的第9章"Data Names"。——译者注

# 第❶条
# 在高警告级别干净利落地进行编译

## 摘要

高度重视警告：使用编译器的最高警告级别。应该要求构建是干净利落的（没有警告）。理解所有的警告。通过修改代码而不是降低警告级别来排除警告。

## 讨论

编译器是你的朋友。如果它对某个构造发出警告，一般表明代码中存有潜在的问题。

成功的构建应该是无声无息的（没有警告的）。如果不是这样，你很快就会养成不仔细查看输出的习惯，从而漏过真正的问题（见第 2 条）。

排除警告的正确做法是：（1）把它弄清楚；然后，（2）改写代码以排除警告，并使代码阅读者和编译器都能更加清楚，代码是按编写者的意图执行的。

即使程序一开始似乎能够正确运行，也还是要这样做。即使你能够肯定警告是良性的，仍然要这样做。因为良性警告的后面可能隐藏着未来指向真正危险的警告。

## 示例

例 1　第三方头文件。无法修改的库头文件可能包含引起警告（可能是良性的）的构造。如果这样，可以用自己的包含原头文件的版本将此文件包装起来，并有选择地为该作用域关闭烦人的警告，然后在整个项目的其他地方包含此包装文件。例如（请注意，各种编译器的警告控制语法并不一样）：

```
// 文件: myproj/my_lambda.h —— 包装了Boost的lambda.hpp
// 应该总是包含此文件，不要直接使用lambda.hpp。
// 注意: 我们的构建现在会自动检查grep lambda.hpp <srcfile>。
// Boost.Lambda 会产生一些已知无害的编译器警告。
// 在改正以后，我们将删除以下的编译指示，但此头文件仍然存在。
//
#pragma warning(push)          // 仅禁用此头文件
 #pragma warning(disable:4512)
 #pragma warning(disable:4180)
 #include <boost/lambda/lambda.hpp>
#pragma warning(pop)           // 恢复最初的警告级别
```

**例2**  "未使用的函数参数"（Unused function parameter）。检查一下，确认确实不需要使用该函数参数（比如，这可能是一个为了未来扩展而设的占位符，或者是代码没有使用的标准化函数签名中的一个必需部分）。如果确实不需要，那直接删除函数参数名就行了。

```
// ……在一个用户定义的allocator中未使用hint ……
// 警告：unused parameter 'localityHint'
pointer allocate( size_type numObjects, const void *localityHint = 0 ) {
   return static_cast<pointer>( mallocShared( numObjects * sizeof(T) ) );
}
// 消除了警告的新版本
pointer allocate( size_type numObjects, const void * /* localityHint */ = 0 ) {
   return static_cast<pointer>( mallocShared( numObjects * sizeof(T) )       );
}
```

**例3**  "定义了从未使用过的变量"（Variable defined but never used）。检查一下，确认并不是真正要引用该变量。（RAII基于栈的对象经常会引起此警告的误报，见第13条。）如果确实不需要，经常可以通过插入一个变量本身的求值表达式，使编译器不再报警。（这种求值不会影响运行时的速度。）

```
// 警告：variable 'lock' is defined but never used
void Fun() {
   Lock lock;
   // ……
}
// 可能消除了警告的新版本
void Fun() {
   Lock lock;
   lock;
   // ……
}
```

**例4**  "变量使用前可能未经初始化"（Variable may be used without being initialized）。初始化变量（见第19条）。

**例5**  "遗漏了return语句"（Missing return）。有时候编译器会要求每个分支都有return语句，即使控制流可能永远也不会到达函数的结尾（比如：无限循环，throw语句，其他的返回形式等）。这可能是一件好事，因为有时候你仅仅是认为控制不会运行到结尾。例如，没有default情况的switch语句不太适应变化，应该加上执行assert( false )的default情况（见第68条和第

90 条）。

```
// 警告：missing "return"
int Fun( Color c ) {
  switch( c ) {
  case Red:     return 2;
  case Green:   return 0;
  case Blue:
  case Black:   return 1;
  }
}
// 消除了警告的新版本
int Fun( Color c ) {
  switch( c ) {
  case Red:     return 2;
  case Green:   return 0;
  case Blue:
  case Black:   return 1;
  default:      assert( !"should never get here!" );   // !"string" 的求值结果为false
                return -1;
  }
}
```

**例 6**　"有符号数/无符号数不匹配"（signed/unsigned mismatch）。通常没有必要对符号不同的整数进行比较和赋值。应该改变所操作的变量的类型，从而使类型匹配。最坏的情况下，要插入一个显式的强制转换。（其实不管怎么样，编译器都将为你插入一个强制转换，同时还会发出警告，因此还不如显式地先发而制之。）

## 例外情况

有时候，编译器可能会发出烦人的甚至虚假的警告（即纯属噪声的警告），但是又没有提供消除的方法，这时忙于修改代码解决这个警告可能是劳而无功或者事倍功半的。如果遇到了这种罕见的情形，作为团队决定，应该避免对纯粹无益的警告再做无用功：单独禁用这个警告，但是要尽可能在局部禁用，并且编写一个清晰的注释，说明为什么必须禁用。

## 参考文献

[Meyers97] §48[①] • [Stroustrup94] §2.6.2

---

[①] 在 *Effective C++* 一书中，该条款名为"不要对编译器警告信息视而不见"。其中谈到："在使用了特定编译器警告信息并获取了一定经验之后，可以开始理解不同信息所代表的含义（常常与表面意思差异很大），而一旦有了经验，可能你不会再理会某些警告。但是在忽略任何一个警告前，必须精确理解编译器试图在告诉你什么，这非常重要。"——译者注

# 第❷条
# 使用自动构建系统

## 摘要

一次按键就解决问题：使用完全自动化（"单操作"）的构建系统，无需用户干预即可构建整个项目。

## 讨论

单操作的构建过程非常重要。它应该能将源文件可靠和可重复地转换为可以交付的软件包。现在已经有了大量自动构建工具，没有理由不用。所以，选择一种，用起来吧。

我们曾经见到不少开发单位忽略了构建系统"单操作"这一需求。有些开发单位认为，用鼠标四处点击几下，运行一些实用工具来注册 COM/CORBA 服务器，手工复制一些文件，就是很不错的构建过程了。可是，我们都不应该将时间和精力浪费在机器可以干得更快更好的事情上。自动的、可靠的、单操作的构建是非常必要的。

成功的构建应该无声无息，不产生任何警告（见第 1 条）。理想的构建过程不会出现干扰，只会出现一条日志信息："构建成功"。

构建有两种模式：增量构建和完全构建。增量构建只重新构建上次构建（可以是增量的或者完全的）以来发生改变的部分。注意：两次连续增量构建中的第二次构建不应该编写任何输出文件；否则，可能会出现依赖循环（见第 22 条），构建系统也可能会执行不必要的操作（比如，编写假的肯定要丢弃的临时文件）。

一个项目的完全构建可能有不同形式。可以考虑通过改变许多基本特性，调整构建过程的参数，候选的特性包括目标架构，调试模式还是发布模式，以及范围（基本文件、所有文件、还是完整的安装文件）。一种构建设置能够生成产品的基本可执行文件和库，另一种设置可能还会生成附属文件，而完全构建则可能生成包括所有文件、第三方可重发行文件和安装代码在内的安装文件。

随着项目日渐发展，不使用自动构建所带来的成本也会逐渐增加。如果没有从一开始就使用自动构建，时间和资源的浪费就将无可避免。更糟糕的情况是，到了不得不使用自动构建的时候，你所面临的压力将比项目开始时大得多。

大型项目可能应该设置一个"构建管理员"，他的工作就是负责构建系统。

## 参考文献

[Brooks95] § 13, § 19 • [Dewhurst03] § 1 • [GnuMake] • [Stroustrup00] § 9.1

# 第❸条
# 使用版本控制系统

## 摘要

常言道，好记性不如烂笔头：请使用版本控制系统（Version Control System，VCS）。永远不要让文件长时间地登出。在新的单元测试通过之后，应该频繁登入。确保登入的代码不会影响构建成功。

## 讨论

几乎所有大一点的项目都需要不只一个开发人员和一周以上的开发时间。在这样的项目中，需要比较同一文件的各个历史版本，以确定修改是何时（以及/或者由谁）进行的；需要控制和管理源代码的变更。

如果有多个开发人员，他们将会并行地进行修改，可能会在同一时间修改同一文件的不同部分。此时，就需要能对文件进行自动登出/版本管理的工具了，有些情况下还需要并发编辑的合并功能。版本控制系统能够自动化和控制登出、版本管理及合并操作。版本控制系统能够比人工实施更快更正确。而且我们也不需要在管理琐事上浪费时间——编写软件才是我们的工作。

即使是单独工作的开发人员，也有脑子短路的瞬间，需要搞清楚何时为什么引入了某个错误或者进行了某个修改。我们都难免如此。版本控制系统能够自动地跟踪每个文件的历史，使我们能够"让时光倒流"。问题并不在于你是否需要从历史中寻找答案，而在于你何时需要。[①]

不要破坏构建。版本控制系统中的代码必须总能构建成功。

由于目前能够找到大量的版本控制系统，我们没有任何借口将其拒之门外。最廉价也最流行的版本控制系统是 cvs（见本条参考文献）。这个工具非常灵活，提供了 TCP/IP 访问功能，可以选择增强安全性（提供使用 ssh 协议作为后端），可以通过脚本编程实现极佳的管理功能，甚至还有图形界面。许多其他的版本控制系统产品要么将 cvs 作为模仿的标准，要么是以其为基础再构建新的功能。

## 例外情况

只有一个程序员且从头至尾只需一周的项目，可能不需要版本控制系统。

## 参考文献

[BetterSCM] • [Brooks95] §11, §13 • [CVS]

---

① 此处作者意在强调：这只是迟早的事情。——译者注

# 第❹条
# 做代码审查

## 摘要

审查代码：更多的关注有助于提高质量。亮出自己的代码，阅读别人的代码。互相学习，彼此都会受益。

## 讨论

好的代码审查过程对开发团队有许多好处。

- 通过来自同伴的良性压力提高代码质量。
- 找出错误、不可移植的代码（如果适用）和潜在的扩展问题。
- 通过思想交流获得更好的设计和实现。
- 快速培养新同事和入门者。
- 在团队中形成共同的价值观和集体主义。
- 增强整体实力，提升自信心、动力和职业荣誉感。

许多开发单位现在既不奖励高质量的代码和高质量的团队，也不投入时间和资金予以鼓励。我们估计几年之内这种情况仍然会存在，但是趋势已经在缓慢变化，这部分是因为软件安全性需求的不断增加。代码审查恰恰有助于提高软件的安全性，而且还是内部培训的一种极佳方法（而且没有成本）！

如果老板现在还不支持代码审查过程，那就先从提高管理层的认识做起（提示：一开始先给他们看看这本书），同时尽最大努力想各种办法腾出时间进行审查。这种时间是值得花的。

代码审查应该成为软件开发周期中的常规环节。如果能够与同事就奖惩制度达成一致，那就更好了。

代码审查无需太形式主义，最好通过书面形式进行——一封简单的电子邮件就足够了。这样能够更容易地跟踪你自己的过程，避免重复。

在审查别人的代码时，可能需要保存一份核对表以备参考。举贤不避亲，我们推荐本书的目录，它就是一个很好的核对表。愿你使用愉快！

小结：我们知道这是老调重弹，但还是不得不说。我们的天性都讨厌代码审查，但是内心又有一个小小的天才程序员乐此不疲，因为它富于成效，而且能够获得更好的代码和更可靠的应用程序。

## 参考文献

[Constantine95] §10, §22, §33 • [McConnell93] §24 • [MozillaCRFAQ]

# 设 计 风 格

复杂性啊，愚人对你视而不见，实干家受你所累。

有些人避而远之。惟智者能够善加消除。

——Alan Perlis

我知道，但是却又忘记了 Hoare 的至理名言：不成熟的优化是程序设计中的万恶之源。

——Donald Knuth[①]

*The Errors of TeX*[Knuth89]

完全区分设计风格与编码风格是非常困难的。我们将一般在实际编写代码时才用得到的条款留到下一部分介绍。

本部分集中讨论适用面比一个特定的类或者函数更广的原则和实践。比较典型的包括：简单和清晰之间的平衡（第 6 条），避免不成熟的优化（第 8 条），避免不成熟的劣化（第 9 条）。这三个条款不仅适用于函数编写的层次，而且适用于类和模块设计权衡的更大范围，适用于更深的应用程序架构决策。（它们也适用于所有程序员。如果你不以为然，请重读上面 Knuth 的话，注意其中的引用部分。）

紧接其后，本部分和下一部分的其他条款讨论的都是依赖性管理的各个方面。依赖性管理是软件工程的一个基础，也是贯穿本书不断出现的主题。停下来，任意选择一个优秀的软件工程技术（任何好的技术都行），思考一下。无论选择哪一个，都将发现，它都是在想尽办法减少依赖性。继承？是为了使所编写的代码使用不依赖于实际派生类的基类。尽量减少全局变量？是为了减少因可见范围太大的数据所产生的远距离依赖。抽象？是为了消除处理概念的代码和实现它们的代码之间的依赖。信息隐藏？是为了使客户代码不依赖实体的实现细节。依赖性管理的一个相关问题还反映在避免使用共享状态（第 10 条）中，反映在应用信息隐藏（第 11 条），以及更多的其他条款中。

本部分中我们选出的最有价值条款是第 6 条：正确、简单和清晰第一。因为这些要求真地太必需了。

---

①  Donald Knuth（中文名高德纳），斯坦福大学荣誉退休教授，计算机科学大师，曾获得 1974 年图灵奖。撰有名著《计算机程序设计艺术》。——译者注

# 第❺条
# 一个实体应该只有一个紧凑的职责

## 摘要

一次只解决一个问题：只给一个实体（变量、类、函数、名字空间、模块和库）赋予一个定义良好的职责。随着实体变大，其职责范围自然也会扩大，但是职责不应该发散。

## 讨论

人们常说，好的商业理念能够一言以敝之。同样，每个程序实体也应该只有一个明确的目的。

如果一个实体有几个不同的目的，那么其使用难度往往会激增，因为这种实体除了会增加理解难度、复杂性和各部分中的错误外，还会导致其他问题。这种实体不仅更大（常常毫无合理理由），而且更难以使用和维护。此外，这种实体经常会为自身的一些特定用途提供有问题的接口，因为各个功能领域之间的部分重叠，会影响干净利落地实现每个功能所需的洞察力。

具有多个不同职责的实体通常都是难于设计和实现的。"多个职责"经常意味着"多重性格"——可能的行为和状态的各种组合方式。应该选择目的单一的函数（见第 39 条），小而且目的单一的类，以及边界清晰的紧凑模块。

应该用较小的低层抽象构建更高层次的抽象。要避免将几个低层抽象集合成一个较大的低层次抽象聚合体。用几个简单的行为来实现一个复杂的行为，比反其道而行之更加容易。

## 示例

例 1    **realloc**。在标准 C 语言中，realloc 是一个臭名昭著的不良设计。这个函数承担了太多的任务：如果传入的指针参数为 NULL 就分配内存空间，如果传入的大小参数为 0 就释放内存空间，如果可行则就地重新分配，如果不行则移到其他地方分配。这个函数不易于扩展，普遍认为它是一个目光短浅的失败设计。

例 2    **basic_string**。在标准 C++语言中，std:: basic_string 是另一个臭名昭著的不良设计——巨大的类设计。在一个臃肿的类中添加了太多"多多益善"的功能，而这只是为了试图成为容器但却没有做到，在用迭代还是索引上犹豫不决，还毫无道理地重复了许多标准算法，而为扩展所留的裕度又很小（见第 44 条的示例）。

## 参考文献

[Henney02a] • [Henney02b] • [McConnell93] §10.5 • [Stroustrup00] §3.8, §4.9.4, §23.4.3.1 • [Sutter00] §10, §12, §19, §23 • [Sutter02] §1 • [Sutter04] §37-40

# 第❻条
# 正确、简单和清晰第一

## 摘要

软件简单为美（Keep It Simple Software，KISS）：质量优于速度，简单优于复杂，清晰优于机巧，安全优于不安全（见第 83 条和第 99 条）。

## 讨论

简单设计和清晰代码的价值怎么强调都不过分。代码的维护者将因为你编写的代码容易理解而感谢你——而且这个维护者往往就是未来的你，要努力回忆起 6 个月前的所思所想。于是有了下面这些经典的格言警句。

程序必须为阅读它的人而编写，只是顺便用于机器执行。——Harold Abelson 和 Gerald Jay Sussman

编写程序应该以人为本，计算机第二。——Steve McConnell

计算机系统中最便宜、最快速、最可靠的组件还不曾出现过。——Gordon Bell[①]

所缺乏的恰恰是最精确（永不出错），最安全（坚不可摧），以及设计、文档编写、测试和维护起来最容易的部分。简单设计的重要性怎么强调也不过分。——Jon Bentley

本书中的许多条款都能够自然地产生易于修改的设计和代码，而清晰性是易于维护、易于重构的程序最必需的特征。自己不能充分理解的设计和代码，就更无法充满自信地进行修改了。

这里最常见的紧张关系恐怕就在代码清晰和代码优化（见第 7 条、第 8 条和第 9 条）之间。当（不是假如）你想为了性能而进行不成熟的优化因而影响了清晰性时，请回想一下第 8 条的要点：使一个正确的程序变快，比使一个快速的程序正确要容易得多。

要避免使用程序设计语言中的冷僻特性。应该使用最简单的有效技术。

## 示例

**例 1**　不要使用不必要的或者小聪明式的操作符重载。有一个毫无必要古怪的图形用户界面库，竟然允许用户编写 w+c;这样的语句表示在图形组件 w 上添加子控件 c。（见第 26 条。）

**例 2**　应该使用命名变量，而不要使用临时变量，作为构造函数的参数。这能够避免可能的声明二义性。这还经常能使代码的意图更加清晰，从而更容易维护，而且通常也更安全（见第 13 条和第 31 条）。

## 参考文献

[Abelson96] • [Bentley00] §4 • [Cargill92] pp.91-93 • [Cline99] §3.05-06 • [Constantine95] §29 • [Keffer95]p.17 • [Lakos96] §9.1, §10.2.4 • [McConnell93] • [Meyers01] §47 • [Stroustrup00] §1.7, §2.1, §6.2.3, §23.4.2, §23.4.3.2 • [Sutter00] §40-41, §46 • [Sutter04] §29

---

① Gordon Bell 是微软研究院的研究人员，因在 DEC 公司任职期间设计了 PDP 系列计算机而声名远播。——译者注

# 第❼条
# 编程中应知道何时和如何考虑可伸缩性

## 摘要

小心数据的爆炸性增长：不要进行不成熟的优化，但是要密切关注渐近复杂性。处理用户数据的算法应该能够预测所处理的数据量耗费的时间，最好不差于线性关系。如果能够证明优化必要而且非常重要，尤其在数据量逐渐增长的情况下，那么应该集中精力改善算法的 $O(N)$ 复杂性，而不是进行小型的优化，比如节省一个多余的加法运算。

## 讨论

本条款阐述了第 8 条"不要进行不成熟的优化"和第 9 条"不要进行不成熟的劣化"之间的一个重要的平衡点。所以，这个条款非常难写，不小心就可能将其错误地解释成"不成熟的优化"了。请注意，我们绝不是这个意思。

这一问题的背景和缘起是这样的：内存和硬盘空间一直在以指数速度增长。例如，从 1988 年到 2004 年，硬盘空间每年增长 112%（差不多每 10 年增长 1900 倍），然而即使是摩尔定律也不过是每年增长 59%（每 10 年 100 倍）。这种现象所导致的一个显然的结果就是，无论今天你的代码如何，明天它都会被要求处理更多的数据——多得多的数据。一个算法如果具有恶性（差于线性）的渐近行为，那么再强大的系统也迟早会在其面前臣服：只需扔给它足够的数据就行了。

防范可能的未来，也就是说我们要避免设计中含有面对更大的文件、更大的数据库、更多像素、更多窗口、更多进程和更多线路上传输的数据时会出现的性能陷阱的现象。C++标准库能够成功防范未来的重大因素之一，就是它已经保证了 STL 容器操作和算法的性能复杂性。

如何取得平衡呢？使用不够清晰的算法，为永远都不会成为现实的大数据量做好准备，这样的不成熟的优化显然是错误的。但是，对算法复杂性——$O(N)$ 复杂性，即计算的代价是所处理数据的元素量的函数故意视而不见，这样的不成熟劣化显然也同样是错误的。

这一问题的建议可以分为两部分。首先，即使不知道数据量是否会大到成为某个特定计算的问题，默认情况下也应该避免使用不能很好地应付用户数据量（可能增加）的算法，除非这种伸缩性不好的算法有明显的清晰性和可读性方面的好处（见第 6 条）。在这方面，我们遇到的意外情况简直是太多了：编写 10 段代码，满以为它们永远不会处理巨量的数据集合，而且对于其中的 9 段代码而言，情况也确实如此，但是第 10 段代码就让我们遇到了性能陷阱——我们都碰到过这种情况，而且我们知道你们也都会碰到，也许已经碰到了。当然，我们可以进行修补，然后给客户发布补丁，但最好还是能避免这样的尴尬和返工。既然所有事物都是平等的（包括清晰性与可读性），那么应该预先做这些事情。

- 使用灵活的、动态分配的数据，不要使用固定大小的数组。那种"比我所需要的最大数组还要大"的数组，在正确性和安全性方面都存在严重问题（见第 77 条）。只有在编译时大小固定不变的数组才是可接受的。

- 了解算法的实际复杂性。要留心那些不易发觉的陷阱，比如看似线性的算法实际上要调用其他线性操作，结果算法实际上是二次的。（见第 81 条中的例子。）

- 优先使用线性算法或者尽可能快的算法。常数时间复杂性的算法，比如 push_back 和散列表查询，是最完美的（见第 76 条和第 80 条）。$O(\log N)$对数复杂性的算法，比如 set/map 操作和带有随机迭代器的 lower_bound 和 upper_bound，也不错（见第 76 条、第 85 条和第 86 条）。$O(N)$线性复杂性的算法，比如 vector::insert 和 for_each，也可以接受（见第 76 条、第 81 条和第 84 条）。

- 尽可能避免劣于线性复杂性的算法。例如，如果面对的是一个 $O(N\log N)$或者 $O(N^2)$算法，就必须花费精力寻找替代方案，这样代码才不至于在数据量显著增长的情况下陷入深度激增的性能深潭。例如，这是在第 81 条中建议使用范围成员函数（通常是线性的）而不是反复调用单元素替代函数的主要原因（后者会很容易在一个线性操作要调用另一个线性操作时变成二次复杂性的，见第 81 条中的例 1）。

- 永远不要使用指数复杂性的算法，除非你已经山穷水尽，确实别无选择。在决定接受指数算法之前，必须尽力寻找替代方案，因为对于指数算法来说，即使是数据量的有限增加，也会使算法的性能急剧下降。

其次，如果有测试数据表明优化非常必要而且重要，尤其是在数据量不断增加的情况下，那么应该集中精力改善 $O(N)$复杂性，而不是把精力花在节省一个多余加法这样的微观优化上。

总而言之，要尽可能优先使用线性（或者更好的）算法。尽可能合理地避免使用比线性算法差的多项式算法。竭尽全力避免使用指数算法。

## 参考文献

[Bentley00] § 6, § 8, Appendix 4 • [Cormen01] • [Kernighan99] § 7 • [Knuth97a] • [Knuth97b] • [Knuth98] • [McConnell93] § 5.1-4, § 10.6 • [Murray93] § 9.11 • [Sedgewick98] • [Stroustrup00] § 17.1.2

# 第 8 条
# 不要进行不成熟的优化

## 摘要

拉丁谚语云，快马无需鞭策：不成熟优化的诱惑非常大，而它的无效性也同样严重。优化的第一原则就是：不要优化。优化的第二原则（仅适用于专家）是：还是不要优化。再三测试，而后优化。

## 讨论

正如[Stroustrup00]§6 开始所引用的优美名言说的那样：

> 不成熟的优化是万恶之源。——Donald Knuth （引用 Hoare 的话）
> 另一方面，我们不能忽视效率。——Jon Bentley

Hoare 和 Knuth 当然而且永远是完全正确的（见第 6 条和本条）。Bentley 亦然（见第 9 条）。

我们将不成熟的优化定义为这样的行为：以性能为名，使设计或代码更加复杂，从而导致可读性更差，但是并没有经过验证的性能需求（比如实际的度量数据和与目标的比较结果）作为正当理由，因此本质上对程序没有真正的好处。毫无必要而且无法度量的优化行为其实根本不能使程序运行得更快，这种情况简直是太常见了。

请永远记住：

> 让一个正确的程序更快速，
> 比让一个快速的程序正确，要容易得太多、太多。

因此，默认时，不要把注意力集中在如何使代码更快上；首先关注的应该是使代码尽可能地清晰和易读（见第 6 条）。清晰的代码更容易正确编写，更容易理解，更容易重构——当然也更容易优化。使事情复杂的行为，包括优化，总是以后再进行的——而且只在必要的时候进行。

不成熟的优化经常并不能使程序更快，这主要有两方面原因。一方面，我们程序员在估计哪些代码应该更快或者更小，以及代码中哪里会成为瓶颈上名声很臭。包括本书的作者，也包括读者你。考虑一下这些事实吧：现代计算机都具有极为复杂的计算模型，经常是几个流水线处理单元并行工作，深高速缓存层次结构，猜测执行（speculative execution）[①]，分支预测……这还只是 CPU 芯片。在硬件之上，编译器也在尽其所能地猜测，将源代码转换为最能发掘硬件潜力的机器码。而在这些复杂的架构之上，还有……还有你——程序员的猜测。所以，如果只是猜测的话，你的那些目标不明确的微观优化就很难有机会显著地改善代码。因此，优化之前必须进行度量；

---

① 猜测执行是程序设计和计算机系统体系结构中的一种优化措施。在现代流水线微处理器中，使用猜测执行降低条件分支指令的代价。遇到条件分支指令时，处理器猜测最有可能转向的分支，并立即从此点开始执行。如果猜测不正确，此点之后的计算全部放弃。由于在下一指令知道之前，所涉及的流水线级是休眠的，所以这种计算的代价很低。——译者注

而度量之前必须确定优化的目标。在需求得到验证之前，注意力应该放在头号优先的事情上——为人编写代码。（当有什么人要求你进行优化的时候，请进行需求验证。）

另一方面，在现代程序中，许多操作越来越不受 CPU 的限制。它们可能更受内存的限制、网络的限制、硬盘的限制，需要等待 Web Service，或等待数据库。即使在最好的情况下，优化这些操作的应用程序代码，也只不过能使等待操作更快。这也意味着程序员浪费了宝贵的时间去改善没有必要改善的地方，却没有进行需要的有价值的改善。

当然，迟早有一天需要优化某些代码。到那时，首先要考虑算法优化（见第 7 条），并尝试将优化封装和模块化（比如，用一个函数或者类，见第 5 条和第 11 条），然后在注释中清楚地说明优化的原因并列出所用算法作为参考。

初学者常犯的一个错误，就是编写新代码时着迷于进行过度优化（而且充满自信），却牺牲了代码的可理解性。这常常会产生大杂烩代码，这种代码即使开始时是正确的，也非常难以阅读和修改。（见第 6 条。）

通过引用传递（见第 25 条），优先调用前缀形式的++和--（见第 28 条），和使用很自然地从指尖流出的惯用法，都不属于不成熟的优化。这些都不是不成熟的优化，而是在避免不成熟的劣化（见第 9 条）。

## 示例

例　inline 悖论。这个例子简单阐述了不成熟的微观优化所带来的隐性代价。分析器（profiler）能够通过函数的命中计数出色地告诉我们哪些函数应该但是没有标记为 inline；然而，分析器在寻找哪些函数已经标记为 inline 但是不应该标记方面，却极不擅长。太多的程序员习惯以优化的名义"将 inline 作为默认选择"，这几乎总是以更高的耦合性为代价，而换来的好处到底如何却很可疑。（这里有一个前提，编写 inline 在所用的编译器上确实起作用。参阅[Sutter00]、[Sutter02]和[Sutter04]。）

## 例外情况

在编写程序库的时候，预测哪些操作最后会用于性能敏感的代码中更加困难。但即使是程序库的编写者，在实施容易令人糊涂的优化之前，也会对很大范围内的客户代码进行性能测试。

## 参考文献

[Bentley00] §6 • [Cline99] §13.01-09 • [Kernighan99] §7 • [Lakos96] §9.1.14 • [Meyers97] §33 •
[Murray93] §9.9-10, §9.13 • [Stroustrup00] §6 introduction • [Sutter00] §30, §46 • [Sutter02] §12 •
[Sutter04] §25

# 第❾条
# 不要进行不成熟的劣化

## 摘要

放松自己，轻松编程：在所有其他事情特别是代码复杂性和可读性都相同的情况下，一些高效的设计模式和编程惯用法会从你的指尖自然流出，而且不会比悲观的替代方案更难写。这并不是不成熟的优化，而是避免不必要的劣化（pessimization）。

## 讨论

避免不成熟的优化并不意味着必然损害性能。所谓不成熟的劣化，指的就是编写如下这些没有必要的、可能比较低效的程序。

- 在可以通过引用传递的时候，却定义了通过值传递的参数（见第 25 条）。
- 在使用前缀 ++ 操作符很合适的场合，却使用后缀版本（见第 28 条）。
- 在构造函数中使用赋值操作而不是初始化列表（见第 48 条）。

如果减少对象的伪临时副本（尤其是在内循环中）并不影响代码的复杂性，那么这个优化就算不上是不成熟的优化。在第 18 条中，我们提倡尽可能将变量声明为局部的，但是又提到了一个例外情况，即有时候将变量从循环中提出来是有好处的。大多数时候，这一点也不会混淆代码的意图，相反，实际上这有助于澄清循环内部执行了哪些功能，哪些计算是不随循环变化的。当然，应该优先使用算法，而不是显式的循环（见第 84 条）。

构造既清晰又有效的程序有两种重要的方式：使用抽象（见第 11 条和第 36 条）和库（见第 84 条）。例如，使用标准库的 vector、list、map、find、sort 和其他设施，这些都是由世界级的专家标准化并实现的，不仅能使你的代码更加清晰，更容易理解，而且启动也经常更快。

避免不成熟的劣化在编写库的时候尤其重要。要了解库所使用的所有上下文，通常是不可能的，因此可能需要达到一种平衡，在更加倾向效率和可复用性的同时，又不能因为一小部分潜在的调用者的利益过分提高效率。其中的界限需要你来划定，但是正如第 7 条所说明的，更需要关注的是可伸缩性，而不是挤掉一个小小的循环。

## 参考文献

[Keffer95]pp.12-13 • [Stroustrup00] § 6 introduction • [Sutter00]§6

# 第❿条
# 尽量减少全局和共享数据

## 摘要

共享会导致冲突：避免共享数据，尤其是全局数据。共享数据会增加耦合度，从而降低可维护性，通常还会降低性能。

## 讨论

这里的论述比第 18 条的具体讨论更加通用。

避免使用名字空间作用域中具有外部连接的数据或者作为静态类成员的数据。这些数据会使程序逻辑变得更加复杂，使程序不同的（而且可能更糟，距离较远的）部分耦合得更加紧密。共享数据对单元测试会产生不良影响，因为使用共享数据的代码片断的正确性不仅取决于数据变化的过程，更取决于以后会使用该数据的未知代码区域的机能。

全局名字空间中的对象名称还会污染全局名字空间。

如果必须使用全局的、名字空间作用域的或者静态的类对象，一定要仔细地对其进行初始化。在不同编译单位中这种对象的初始化顺序是未定义的，正确处理它们需要特殊的技术（参阅本条的参考文献）。初始化顺序规则是非常难于掌握的，应该尽量避免使用；如果不得不用，应该充分了解，谨慎使用。

名字空间作用域中的对象、静态成员对象或者跨线程或跨进程共享的对象会减少多线程和多处理器环境中的并行性，往往是产生性能和可伸缩性瓶颈的原因（见第 7 条）。为"无共享"而奋斗吧，用通信方式（比如消息队列）代替数据共享。

应该尽量降低类之间的耦合，尽量减少交互（参阅[Cargill92]）。

## 例外情况

程序范围的设施 cin、cout 和 cerr 比较特殊，其实现方式很特别。工厂类必须维护一个注册表，记录创建给定类型时要调用哪个函数，而且通常应该有一个用于整个程序的注册表（但最好是属于工厂类，而不是属于共享全局对象，见第 11 条）。

跨线程共享对象的代码应该总是将对这些共享对象的所有访问序列化（见第 12 条并参阅[Sutter04c]）。

## 参考文献

[Cargill92] pp.126.136,169-173 • [Dewhurst03] §3 • [Lakos96] §2.3.1 • [McConnell93] §5.1-4 • [Stroustrup00] §C.10.1 • [Sutter00] §47 • [Sutter02] §16, Appendix A • [Sutter04c] • [SuttHysl03]

# 第⓫条
# 隐 藏 信 息

## 摘要

不要泄密：不要公开提供抽象的实体的内部信息。

## 讨论

为了尽量减少操作抽象的调用代码和抽象的实现之间的依赖性，必须隐藏实现内部的数据。否则，调用代码就能够访问该信息，或者更糟，操作该信息，而原本应属于内部的信息就泄漏给了调用代码所依赖的抽象。应该公开抽象（如果有的话，还是公开领域抽象更好，但至少应该是 get/set 抽象），而不是数据。

信息隐藏主要从下列两个方面降低了项目的成本，加快了项目的进度，减少了项目的风险。

- 它限制了变化的影响范围。信息隐藏缩小了变化所引起的"连锁反应"的范围，也降低了由此带来的成本。

- 它强化了不变式。它限制了负责维护（如果有错误的话，也可能是破坏）程序不变式的代码（见第 41 条）。

不要从任何提供抽象的实体中公开数据（另见第 10 条）。数据只是抽象、概念性状态的一种可能的具体化而已。如果将注意力集中在概念而不是其表示形式上，就能够提供富于提示性的接口，并按需要对实现进行调整——比如缓存还是实时地计算，又比如使用不同的表示方式，针对某种使用模式（如极坐标与笛卡儿坐标）进行优化。

绝对不要将类的数据成员设为 public（见第 41 条），或者公开指向它们的指针或句柄（见第42 条）而使其公开，这是一个很常见的信息隐藏的例子，但是它同样适用于更大的实体比如程序库——程序库同样不能暴露内部信息。模块和程序库同样应该提供定义抽象和其中信息流的接口，从而使与调用代码的通信比采用数据共享方式更安全，耦合度更低。

## 例外情况

测试代码经常需要对被测试类或者模块进行白箱访问。

值的聚合（"C 语言式的 struct"）只是简单地将数据绑在了一起，并没有提供任何抽象，所以它不需要隐藏数据，数据本身就是接口（见第 41 条）。

## 参考文献

[Brooks95] §19 • [McConnell93] §6.2 • [Parnas02] • [Stroustrup00] §24.4 • [SuttHysl04a]

# 第⓬条
# 懂得何时和如何进行并发性编程

## 摘要

安线全程地[①]：如果应用程序使用了多个线程或者进程，应该知道如何尽量减少共享对象（见第 10 条），以及如何安全地共享必须共享的对象。

## 讨论

线程处理是一个大课题。之所以撰写本条，是因为这个课题很重要，需要明确地予以阐述，但是单凭一个条款显然无法做出公允的评价，所以我们只简单地概述几个要点。更多的细节和具体技术，参阅本条的参考文献。其中最重要的问题是避免死锁、活锁（livelock）[②]和恶性的竞争条件（包括加锁不足导致的崩溃）。

C++标准关于线程未置一词。然而，C++经常而且广泛地用于编写可靠的多线程代码。如果应用程序需要跨线程共享数据，请如下安全行事。

- 参考目标平台的文档，了解该平台的同步化原语。典型的原语包括从轻量级的原子整数操作到内存障栅（memory barrier）[③]，再到进程内和跨进程的互斥体。

- 最好将平台的原语用自己设计的抽象包装起来。在需要跨平台移植性的时候，这样做尤其有益。或者，也可以使用程序库（比如 pthreads [Butenhof 97]）为我们代劳。

- 确保正在使用的类型在多线程程序中使用是安全的。说得具体一些，就是类型必须至少做到以下两个方面。

  - 保证非共享的对象独立。两个线程能够自由地使用不同的对象，无需调用者的任何特殊操作。

  - 记载调用者在不同线程中使用该类型的同一个对象需要做什么。许多类型要求对这种共享对象进行串行访问，但是有些类型却不要求这样。后者通常要么从设计中去掉加锁需求，要么自己进行内部加锁，无论哪种情况，仍然需要留意内部加锁粒度的局限。

  请注意，无论类型是字符串类型，还是 STL 容器比如 vector，或者任何其他类型，上面的原则都适用。（我们留意到有些书的作者曾经给出建议，暗示标准容器有特殊性。其实并非如此，容器也只不过是一种对象而已。）说得具体一些，如果要在多线程程序中

---

[①] 此处原文为 th$_{sa}$rea$_{fed}$ly，作者将线程与安全拼接，是为了造成一种令人难忘的效果。——译者注

[②] 活锁与死锁类似，区别在于活锁情况中，两个进程的状态不断地根据另一个进程而改变。——译者注

[③] 内存障栅指的是计算机的一组特殊指令，它们能够使 CPU 对位于自己前后发出的内存操作施加顺序约束，以解决并发操作中的乱序问题。——译者注

使用标准库组件（例如 string，容器），如前所述，应该参考标准库实现的文档，了解是否支持多线程。

在自己编写可用于多线程程序的类型时，也必须完成两项任务。首先，必须保证不同线程能够不加锁地使用该类型的不同对象（注意：具有可修改的静态数据的类型通常不能保证这一点）。其次，必须在文档中说明使用者在不同线程中使用该类型的同一个对象需要做什么，基本的设计问题是如何在类及其客户之间分配正确执行（即无竞争和无死锁地执行）的职责。主要的选择有下列几个方面。

● **外部加锁**：调用者负责加锁。在这种选择下，由使用对象的代码负责了解是否跨线程共享了对象，如果是，还要负责串行化所有对该对象的使用。例如，字符串类型通常使用外部加锁（或者不变性，见第三种选择）。

● **内部加锁**：每个对象将所有对自己的访问串行化，通常采用为每个公用成员函数加锁的方法来实现，这样调用者就可以不用串行化对象的使用了。例如，生产者/消费者队列通常使用内部加锁，因为它们存在的目的就是被跨线程共享，而且它们的接口就是为了在单独的成员函数调用（Push, Pop）期间能够进行适当的层次加锁而设计的。更一般的情况下，需要注意，只有在知道了以下两件事情之后这个选项才适用。

第一，必须事先知道该类型的对象几乎总是要被跨线程共享的，否则到头来只不过进行了无效加锁。请注意大多数类型都不会遇到这种情况，即使是在多线程处理分量很重的程序中，大多数对象也不会被跨线程共享（这是好现象，见第 10 条）。

第二，必须事先知道成员函数级加锁的粒度是合适的，而且能满足大多数调用者的需要。具体而言，类型接口的设计应该有利于粗粒度的、自给自足的操作。如果调用者总是需要对多个而不是一个操作加锁，那么就不能满足需要了，只能通过增加更多的（外部）锁，将单独加锁的函数组装成一个更大规模的已加锁工作单位。例如一个容器类型，如果它返回一个迭代器，则迭代器可能在用到之前就失效了；如果它提供 find 之类的能返回正确答案的成员算法，那么答案可能在用到之前就出错了；如果它的用户想要编写这样的代码：if( c.empty() ) c.push_back(x);，同样会出现问题。（更多的例子，参阅 [Sutter02]。）在这些情况下，调用者需要进行外部加锁，以获得生存期能够跨越多个单独成员函数调用的锁，这样一来每个成员函数的内部加锁就毫无用武之地了。

因此，内部加锁是绑定于类型的公用接口的：在类型的各个单独操作本身都完整时，内部加锁才适用；换句话说，类型的抽象级别不仅提升了，而且表达和封装得更加精确了（比如，以生产者－消费者队列的形式，而不是普通的 vector）。将多个原语操作结合起来，形成粒度更粗的公开操作，不仅可以确保函数调用有意义，而且可以确保调用简单。如果原语的结合是不能确定的，而且也无法将合理的使用场景集合集中到一个命名操作中，那么有两种选择：一是使用基于回调的模型（即让调用者调用一个单独的成员函数，但是以一个命令或者函数对象的形式传入它们想要执行的任务，见第 87 条到第 89 条）；二是在接口中以某种方式暴露加锁。

- 不加锁的设计，包括不变性（只读对象）：无需加锁。将类型设计得根本无需加锁是可能的（参阅本条的参考文献）。常见的例子是不变对象，它无需加锁，因为它从不发生变化。例如，对于一个不变的字符串类型而言，字符串对象一旦创建就不会改变，每个字符串操作都会创建新的字符串。

请注意，调用代码应该不需要知道你的类型的实现细节（见第 11 条）。如果类型使用了底层数据共享技术［如写时复制（copy-on-write）］，那么你就不需要为所有可能的线程安全性问题负责了，但是必须负责恢复"恰到好处的"线程安全，以确保调用代码在履行其通常职责时仍是正确的：类型必须能够尽可能地安全使用，如果它没有使用隐蔽的实现共享（见[Sutter04c]）。前面已经提到，所有正确编写的类型都必须允许在不同线程中无需同步便可操作不同的可见对象。

如果编写的是一个将要广泛使用的程序库，那么尤其要考虑保证对象能够在前面叙述的多线程程序中安全使用，而且又不会增加单线程程序的开销。例如，如果你正在编写的程序库包含一个使用了写时复制的类型，并且因而必须至少进行某种内部加锁，那么最好安排加锁在程序库的单线程编译版本中消失［#ifdef 和空操作（no-op）实现是常见的策略］。

在获取多个锁时，通过安排所有获取同样的锁的代码以相同的顺序获取锁，可以避免死锁情况的发生。（释放锁则可以按照任意顺序进行。）解决方案之一，是按内存地址的升序获取锁，地址恰好提供了一个方便、唯一而且是应用程序范围的排序。

## 参考文献

[Alexandrescu02a] • [Alexandrescu04] • [Butenhof97] • [Henney00] • [Henney01] • [Meyers04] • [Schmidt01] • [Stroustrup00] §14.9 • [Sutter02] §16 • [Sutter04c]

# 第❶❸条
# 确保资源为对象所拥有。使用显式的 RAII 和智能指针

## 摘要

利器在手，不要再徒手为之：C++的"资源获取即初始化"（Resource Acquisition Is Initialization，RAII）惯用法是正确处理资源的利器。RAII 使编译器能够提供强大且自动的保证，这在其他语言中可是需要脆弱的手工编写的惯用法才能实现的。分配原始资源的时候，应该立即将其传递给属主对象。永远不要在一条语句中分配一个以上的资源。

## 讨论

C++语言所强制施行的构造函数/析构函数对称反映了资源获取/释放函数对比如 fopen/fclose、lock/unlock 和 new/delete 的本质的对称性。这使具有资源获取的构造函数和具有资源释放的析构函数的基于栈（或引用计数）的对象成为了自动化资源管理和清除的极佳工具。

这种自动化很容易实现、简洁、低成本而且天生防错。如果不予采用，就需要手工将调用正确配对，包括存在分支控制流和异常的情形，这可是很不容易而且需要注意力高度集中的任务。既然 C++已经通过易用的 RAII 提供了如此直接的自动化，这种 C 语言式的仍然依赖于对资源解除分配的微观管理方式就是不可接受的了。

每当处理需要配对的获取/释放函数调用的资源时，都应该将资源封装在一个对象中，让对象为我们强制配对，并在其析构函数中执行资源释放。例如，我们无需直接调用一对非成员函数 OpenPort/ClosePort，而是可以考虑如下方法：

```cpp
class Port {
public:
  Port( const string& destination );      // 调用 OpenPort
  ~Port();                                // 调用 ClosePort
  // ……通常无法复制端口，因此需要禁用复制和赋值……
};

void DoSomething() {
  Port port1( "server1:80" );
  // ……
}// 不会忘记关闭port1；它会在作用域结束时自动关闭

shared_ptr<Port> port2 = /*...*/;          // port2在最后一个引用它的
                                           // shared_ptr离开作用域后关闭
```

还可以使用实现了这种模式的软件库（参阅[Alexandrescu00c]）。

在实现 RAII 时，要小心复制构造和赋值（见第 49 条），编译器生成的版本可能并不正确。如果复制没有意义，请通过将复制构造和赋值设为私有并且不做定义来明确禁用二者（见第 53 条）。否则，让复制构造函数复制资源或者引用计数所使用的次数，并让赋值操作符如法炮制，如果必要，同时还要确保它释放了最开始持有的资源。一个经典的疏漏是在新资源成功复制之前释放了老资源（见第 71 条）。

确保所有资源都为对象所有。最好用智能指针而不是原始指针来保存动态分配的资源。同样，应该在自己的语句中执行显式的资源分配（比如 new），而且每次都应该马上将分配的资源赋予管理对象（比如 shared_ptr），否则，就可能泄漏资源，因为函数参数的计算顺序是未定义的（见第 31 条）。例如：

```
void Fun( shared_ptr<Widget> sp1, shared_ptr<Widget> sp2 );
// ……
Fun( shared_ptr<Widget>(new Widget), shared_ptr<Widget>(new Widget) );
```

这种代码是不安全的。C++标准给了编译器巨大的回旋余地，可以将构成函数两个参数的两个表达式重新排序。说得更具体一些，就是编译器可以交叉执行两个表达式：可能先执行两个对象的内存分配（通过调用 operator new），然后再试图调用两个 Widget 构造函数。这恰恰为资源泄漏准备了温床，因为如果其中一个构造函数调用抛出异常的话，另一个对象的内存就永远也没有机会释放了！（详细情况请参阅 [Sutter02]。）

这种微妙的问题有一个简单的解决办法：遵循建议，绝对不要在一条语句中分配一个以上的资源，应该在自己的代码语句中执行显式的资源分配（比如 new），而且每次都应该马上将分配的资源赋予管理对象（比如 shared_ptr）。例如：

```
shared_ptr<Widget> sp1(new Widget), sp2(new Widget);
Fun( sp1, sp2 );
```

另见第 31 条，了解使用这种风格的其他优点。

## 例外情况

智能指针有可能会被过度使用。如果被指向的对象只对有限的代码（比如纯粹在类的内部，诸如一个 Tree 类的内部节点导航指针）可见，那么原始指针就够用了。

## 参考文献

[Alexandrescu00c] • [Cline99] §31.03-05 • [Dewhurst03] §24, §67 • [Meyers96] §9-10 • [Milewski01] • [Stroustrup00] §14.3-4, §25.7, §E.3, §E.6 • [Sutter00] §16 • [Sutter02] §20-21 • [Vandevoorde03] §20.1.4

# 编 程 风 格

一个人的常量可能是另一个人的变量。

——Alan Perlis

本部分，我们将注意力从一般性的设计问题转移到实际编程中最常出现的问题上。

本部分的规则和准则针对的都是不特定于语言的某个方面（如函数、类或者名字空间）、但是能提高代码质量的编程实践。这些惯用法中很多与善用编译器的帮助有关，包括声明性的 const（见第 15 条）和内部的#include 保护符（见第 24 条）。其他的惯用法则有助于你避开编译器无法总能检查出来的"地雷"（包括一些完全没有定义的行为），包括避免使用宏（见第 16 条）和未初始化变量（见第 19 条）。所有这些规则和准则都有助于使代码更加可靠。

本部分中我们选出的最有价值条款是第 14 条：宁要编译时和连接时错误，也不要运行时错误。

# 第❶条
# 宁要编译时和连接时错误，也不要运行时错误

## 摘要

能够在编译时做的事情，就不要推迟到运行时：编写代码时，应该在编译期间使用编译器检查不变式（invariant）[①]，而不应该在运行时再进行检查。运行时检查取决于控制流和数据的具体情况，这意味着很难知道检查是否彻底。相比而言，编译时检查与控制流和数据无关，一般情况下能够获得更高的可信度。

## 讨论

C++语言为我们提供了许多机会，能够通过将错误检查推迟到编译时而"加速"这一过程。充分利用这些静态检查功能，可以带来下列好处。

- 静态检查与数据和控制流无关。静态检查能够提供独立于程序输入和执行流程的保证。相反，要确保运行时检查足够可靠，需要使用对所有输入都具有代表性的用例进行测试。即使对于最简单的系统而言，这也是一件令人生畏的工作。

- 静态表示的模型更加可靠。通常，如果程序较少地依赖于运行时检查，而更多地依赖于编译时检查，就说明它的设计比较出色，因为程序所创建的模型能够正确地使用 C++的类型系统来表达。这种情况下，你和编译器将成为伙伴，对程序的不变式有着一致的看法；而运行时检查则经常只是在检查能够静态进行，但是无法精确地在语言中表达的情况下，作为一种应变手段而已。

- 静态检查不会带来运行时开销。用静态检查替换动态检查，所生成的可执行文件会更快，而且不会影响正确性。

C++最强大的静态检查工具之一，就是其自身的静态类型检查。在类型应该如何检查这一问题上，各种语言分成了静态（C++，Java，ML，Haskell）和动态（Smalltalk，Ruby，Python，Lisp）两大阵营，争论仍在继续而且依旧激烈。总体而言，这个问题并无定论，支持两种检查方式的语言和开发风格据说都取得了良好的效果。静态检查阵营辩称，采取静态检查可以很容易地省去一大类运行时的错误处理，从而使程序更加牢固。另一方面，动态检查阵营则说，编译器只能检查

---

[①] 不变式是指使对象状态有良好定义的一种性质。其概念源于 Floyd、Naur 和 Hoar 等大师前后条件方面的研究。C++中通常用一段代码来表示这种性质，这种代码也称为不变式。参阅[Stroustrup00]§24.3.7.1。——译者注

出一部分潜在的错误，所以，既然无论如何都要写单元测试，那么根本就无需劳神费心地进行静态检查，这样还能拥有一个宽松的编程环境。

有一件事情是肯定的：在静态类型语言 C++的环境中（其中提供了强大的静态检查，而对自动运行时检查的支持则很少），程序员肯定应该尽可能地使用能带来优势的类型系统（另见第 90 条至第 100 条）。同时，对于与数据和控制流有关的检查（如数组边界检查或者输入数据验证）来说，使用运行时检查也是明智的选择（见第 70 条和第 71 条）。

## 示例

有些情况下，可以用编译时检查代替运行时检查。

**例 1** 编译时布尔条件。如果测试的是编译时布尔条件，比如 sizeof(int) >= 8，那么可以使用静态断言取代运行时测试（但另见第 91 条）。

**例 2** 编译时多态。定义泛型函数或者类型时，考虑用编译时多态（模板）代替运行时多态（虚拟函数）。前者产生的代码能够更好地进行静态检查（另见第 64 条）。

**例 3** 枚举。在需要表示符号常量或受限整数值时考虑定义 enum（或者定义完整的类型，这样更好）。

**例 4** 向下强制（downcast）。如果经常使用 dynamic_cast（或者更糟糕地，使用无检查的 static_cast）执行向下强制，则可能说明基类提供的功能太少了。此时可以考虑重新设计接口，使程序能够用基类表示计算。

## 例外情况

有些情况下，无法在编译时检查，必须进行运行时检查。对于这些情况，应该使用断言来检查内部编程错误（见第 68 条），对于其他运行时错误比如与数据相关的错误，则要遵循"错误处理与异常"部分的其他建议（见第 69 条至第 75 条）进行处理。

## 参考文献

[Alexandrescu01] §3 • [Boost] • [Meyers97] §46 • [Stroustrup00] §2.4.2 • [Sutter02] §4 • [Sutter04] §2, §19

# 第 15 条
# 积极使用 const

## 摘要

const 是我们的朋友：不变的值更易于理解、跟踪和分析，所以应该尽可能地使用常量代替变量，定义值的时候，应该把 const 作为默认的选项：常量很安全，在编译时会对其进行检查（见第 14 条），而且它与 C++的类型系统已浑然一体。不要强制转换 const 的类型，除非要调用常量不正确的函数（见第 94 条）。

## 讨论

常量能够简化代码，因为只需查看定义处的代码就能知道它在各处的值了。思考以下代码：

```
void Fun( vector<int>& v ) {
    // ……
    const size_t len = v.size();
    // ……更多行代码……
}
```

一看到上面 len 的定义，就能知道 len 在整个作用域中的语义（假设代码不会强制转换 const 的类型，它也不应该这样做，见下面的说明）：某一特定点上 v 长度的瞬像。只需查看一行代码，就能知道 len 在整个作用域上的语义。不使用 const 的话，len 可能会在后来被直接或通过别名修改。而且更好的是，编译器还能帮你确保这一点。

请注意 const 并不深①。例如，假设类 C 有一个 X*类型的成员。在 const 的 C 对象中，X*成员也是 const，但它所指向的 X 对象则不是（参阅[Saks99]）。

用 mutable 成员实现逻辑上的不变。当类的 const 成员函数需要合法地修改成员变量时（即变量不影响对象的可观察状态时，比如缓存数据），声明该成员变量为 mutable 的。请注意，如果用 Pimpl 惯用法（见第 43 条）隐藏了所有私有成员，就无需对缓存信息或指向它的未改变的指针声明 mutable 了。

是的，const 有“病毒性”——即使只在一处加入，当你调用其他签名不是常量正确的函数时，它也会传播到代码各处。这是一种特性，而非错误，它极大地提高了 const 的效力，虽然在

---

① 此处的深与深复制（deep copy）中的深有相同意味。——译者注

const 还没有被人很好地理解的岁月里，这成为 const 广受不公正贬抑的原因。修改已有的代码，使其常量正确很花时间，但这是值得的，而且还有可能揭示出潜在的错误。

常量正确性是值得实现的，它已经得到证实而且非常有效，应该大力推荐。理解程序状态变化的方式和位置是非常重要的，const 将此直接记录在了代码中，编译器可以帮助我们实施这一点。正确编写 const 有助于更好地理解设计，使代码更牢固、更安全。如果发现有哪个成员函数不可能是 const 的，通常会使我们更好地理解成员函数修改对象状态的方式。还可以理解哪些数据成员在物理常量性和逻辑常量性之间架起了桥梁，下面的例子说明了这一点。

不要强制转换 const，除非要调用常量不正确的函数，或者在一些很罕见的情况下，为了解决老编译器中不支持 mutable 的问题。

## 示例

**例**　在函数声明中，要避免将通过值传递的函数参数声明为 const。以下两个声明是完全等效的：

```
void Fun( int x );
void Fun( const int x );          // 重新声明同一函数：顶级const将被忽略
```

在第二个声明中，const 是多余的。我们推荐声明不含这些顶级 const 的函数，这样阅读头文件的人就不会被弄糊涂了。但是顶级 const 将对函数的定义产生影响，能够敏感地捕获对参数的无意改变：

```
void Fun( const int x ) {          // Fun的实际定义
  // ……
  ++x;                             // 错误：不能修改const的值
  // ……
}
```

## 参考文献

[Allison98] §10 • [Cline99] §14.02-12 • [Dewhurst03] §6, §31-32, §82 • [Keffer95]pp. 5-6 • [Koenig97] §4 • [Lakos96] §9.1.6, §9.1.12 • [Meyers97] §21 • [Murray93] §2.7 • [Stroustrup00] §7.2, §10.2.6, §16.3.1 • [Sutter00] §43

# 第16条
# 避免使用宏

## 概述

实_不_相_瞒①：宏是 C 和 C++语言的抽象设施中最生硬的工具，它是披着函数外衣的饥饿的狼，很难驯服，它会我行我素地游走于各处。要避免使用宏。

## 讨论

很难找到足够绘声绘色的言语来描述宏，但我们还是要勉力为之。文献[Sutter04]§31中谈到：

> 由于几方面的原因，宏已经成为讨厌、恶心、杂乱的混合体，其中最主要的原因在于它们被吹捧为一种文本替换设施，其效果在预处理阶段就产生了，而此时 C++的语法和语义规则都还没有起作用。

如果这还不够清楚，我们再引用一些 Bjarne Stroustrup 的论述。

> 我讨厌大多数形式的预处理器和宏。C++的目标之一就是使 C 的预处理器成为多余的（§4.4，§18），因为我认为其操作天生就容易出错。——[Stroustrup94]§3.3.1

> 在 C++中几乎从不需要用宏。可以用 const（§5.4）或者 enum（§4.8）定义易于理解的常量（见第 15 条），用 inline（§7.1.1）避免函数调用的开销（但是要见第 8 条），用 template（第 13 章）指定函数系列和类型系列（见第 64 条至第 67 条），用 namespace（§8.2）避免名字冲突（见第 57 条至第 59 条）。——[Stroustrup00]§1.6.1

> 关于宏的第一规则就是：不要使用它，除非不得不用。几乎每个宏都说明程序设计语言、程序或者程序员存在缺陷。——[Stroustrup00]§7.8

C++的宏的主要问题在于，它们表面上看起来很好，而实际上做的却是另一回事。宏会忽略作用域，忽略类型系统，忽略所有其他的语言特性和规则，而且会劫持它为文件其余部分所定义（#define）的符号。宏调用看上去很像符号或者函数调用，但实际上并非如此。宏不太"卫生"，也就是说，它会根据自己被使用时所处的环境引人注目而且令人惊奇地展开为各种东西。宏需要进行文本替换，因此编写远距离也正确的宏接近于一种魔法，而精通这种魔法既无意义又无趣味。

---

① 原文为 TO_PUT_IT_BLUNTLY，采用变量形式。——译者注

不少人都认为与模板相关的错误是最难以解读的，他们可能还没有看到误写和误用的宏所引起的那些错误。模板是 C++ 类型系统的一部分，因此编译器可以更好地对它们进行处理，而宏天生是与语言本身割裂开来的，因此很难处理。更糟的是，与模板不同，宏可能展开为在偶然情况下能够编译的"传输线噪声"。最后，宏中的错误可能只有在宏展开之后才能被报告出来，而不是在定义时。

即使在极少的情况下，有正当理由编写宏（见例外情况），也决不要考虑编写一个以常见词或者缩略语为名字的宏。尽可能快地取消宏的定义（#undef），总是给它们取形如 SCREAMING_UPPERCASE_AND_UGLY 这样明显的、大写的、而且难看的名字，并且不要将它们放在头文件中。

## 示例

**例**  将模板实例化传给宏。宏仅能理解 C 语言的小括号和方括号，并将其进行匹配。然而，C++ 又定义了一个新的括号结构，即模板中使用的尖括号<和>。宏无法正确地匹配括号，这意味着在下面的宏调用中：

```
MACRO( Foo<int, double> )
```

宏会认为传给自己的是两个参数，即 Foo<int 和 double>，而事实上该结构是一个 C++ 实体。

## 例外情况

宏仍然是几个重要任务的惟一解决方案，比如#include 保护符（guard）（见第 24 条），条件编译中的#ifdef 和#if defined，以及 assert 的实现（见第 68 条）。

在条件编译（如与系统有关的部分）中，要避免在代码中到处杂乱地插入#ifdef。相反，应该对代码进行组织，利用宏来驱动一个公共接口的多个实现，然后始终使用该接口。

如果不想到处复制和粘贴代码段，那么可以使用宏（但要非常小心）。

我们注意到，文献[C99]和[Boost]中分别含有对预处理器比较温和和比较激进的扩展。

## 参考文献

[Boost] • [C99] • [Dewhurst03] §25-28 • [Meyers96] §1 • [Lakos96] §2.3.4 • [Stroustrup94] §3.3.1 • [Stroustrup00] §1.6.1, §7.8 • [Sutter02] §34-35 • [Sutter04] §31 • [Sutter04a]

# 第17条
# 避免使用"魔数"

## 摘要

　　程序设计并非魔术，所以不要故弄玄虚：要避免在代码中使用诸如 42 和 3.14159 这样的文字常量。它们本身没有提供任何说明，并且因为增加了难于检测的重复而使维护更加复杂。可以用符号名称和表达式替换它们，比如 width * aspectRatio。

## 讨论

　　名称能够增加信息，并提供单一的维护点，而程序中到处重复的原始数据是无名的，维护起来很麻烦。常量应该是枚举符或者 const 值，有合适的作用域和名称。

　　经常会有此 42 可能非彼 42 的情形。更糟的是，如果程序员进行了一些心算（比如，"这个 84 是由 5 行代码前所用的 42 乘以 2 得到的"），那么以后需要用其他常量替换 42 的工作会变得既枯燥又易错。

　　应该用符号常量替换直接写死的字符串。将字符串与代码分开（比如将字符串放入一个专门的.cpp 文件或资源文件中），这样非程序员也能对其进行审查和更新，而且能够减少重复，还有助于国际化。

## 示例

　　例 1　重要的特定于领域的常量应该放在名字空间一级。

```
const size_t PAGE_SIZE          = 8192,
             WORDS_PER_PAGE     = PAGE_SIZE / sizeof(int),
             INFO_BITS_PER_PAGE = 32 * CHAR_BIT;
```

　　例 2　特定于类的常量。可以在类定义中定义静态整数常量，其他类型的常量需要单独的定义或者一个短小的函数。

```
// 文件widget.h
class Widget {
  static const int defaultWidth = 400;      // 声明中提供的值
  static const double defaultPercent;       // 定义中提供的值
  static const char* Name() {return "Widget"; }
};
// 文件widget.cpp
const double Widget::defaultPercent = 66.67;  // 定义中提供的值
const int Widget::defaultWidth;               // 所需的定义
```

## 参考文献

[Dewhurst03] §2 • [Kernighan99] §1.5 • [Stroustrup00] §4.8, §5.4

# 第⓲条
# 尽可能局部地声明变量

## 摘要

避免作用域膨胀，对于需求如此，对于变量也是如此。变量将引入状态，而我们应该尽可能少地处理状态，变量的生存期也是越短越好。这是第 10 条的一个特例，但值得单独阐述。

## 讨论

变量的生存期超过必需的长度时会产生以下几个缺点。

- 它们会使程序更难以理解和维护。例如，如果代码只改变当前驱动器，那么它是否应该将作用域更新为模块范围的 path 字符串？

- 它们的名字会污染上下文。这一点的直接后果，就是可见性最好的名字空间级变量，问题也最大（见第 10 条）。

- 它们不能总是被合理地初始化。在能够合理地初始化一个变量之前，决不要声明它。未初始化的变量是所有 C 和 C++程序中普遍的错误来源。我们需要对此高度重视，因为编译器并不总能将其检查出来（见第 19 条）。

要特别说明的是，C99 之前的 C 语言版本曾要求只能在作用域开始处定义变量；这种方式在 C++中已经过时了。这一限制的严重问题在于，在作用域的开始，经常还没有足够的相关信息进行变量初始化。因此我们只有两种选择：要么用某个默认的空值（比如零）来初始化，这通常都是一种浪费，而且如果变量在拥有有效状态之前被使用，还会导致错误；要么让变量保持未初始化，而这是很危险的。用户定义类型的未初始化变量将会自行初始化为某个空值。

解决方案很简单：尽可能局部地定义每个变量，通常就是在你有了足够的数据进行初始化的时候，而且恰恰就在首次使用变量之前。

## 例外情况

有时候将变量提出循环是有好处的（见第 9 条）。

因为常量并不添加状态，所以本条对常量不适用（见第 17 条）。

## 参考文献

[Dewhurst03] §3, §48, §66 • [Dewhurst03] §95 [McConnell93] §5.1-4, §10.1 • [Stroustrup00] §4.9.4, §6.3

# 第⓳条
# 总是初始化变量

## 摘要

一切从白纸开始：未初始化的变量是 C 和 C++程序中错误的常见来源。养成在使用内存之前先清除的习惯，可以避免这种错误，在定义变量的时候就将其初始化。

## 讨论

按照 C 和 C++相同的低层高效率传统，通常并不要求编译器初始化变量，除非你显式地这样做（比如，局部变量，构造函数初始式列表中遗漏的成员）。应该显式地初始化变量。

几乎没有理由不对变量进行初始化。实际上没有任何理由值得冒未定义行为可能带来的风险。

使用过程式语言（如 Pascal、C、Fortran 或 Cobol）的人，可能有这样的习惯：独立于使用它们的代码来定义变量，然后在要使用的时候再赋值。这种方式已经过时了，是不可取的（见第 18 条）。

关于未初始化变量，有一个常见的误解：它们会使程序崩溃，因此通过简单的测试就能很快发现分布在各处的那些为数不多的未初始化变量。但事实恰恰相反，如果内存布局碰巧满足了程序需求，带有未初始化变量的程序能够毫无问题地运行上数年。在此之后，如果从不同环境中调用，或者重新编译，或者程序的另一个部分进行了修改，都可能导致各种故障发生，轻则出现难以琢磨的行为，重则发生间歇性的崩溃。

## 示例

例 1    使用默认初始值或?:减少数据流和控制流的混合。

```
// 不可取的: 没有初始化变量
int speedupFactor;
if( condition )
    speedupFactor = 2;
else
    speedupFactor = -1;

// 较好的: 初始化了变量
int speedupFactor = -1;
if( condition )
    speedupFactor = 2;
```

```
// 较好的: 初始化了变量
int speedupFactor = condition ? 2 : -1;
```

在较好的方案中，变量的定义和初始化做到了亲密无间。

**例 2**　用函数替代复杂的计算流。有时候计算值的最好方式是将计算封装在一个函数中（见第 11 条）：

```
// 不可取的: 没有初始化变量
int speedupFactor;

if( condition ) {
    // ……代码……
speedupFactor = someValue;
}else {
    // ……代码……
speedupFactor = someOtherValue;
}

// 较好的: 初始化了变量
int speedupFactor = ComputeSpeedupFactor();
```

**例 3**　初始化数组。对于大的聚集类型比如数组，正确的初始化并不总是意味着要真地对所有数据进行操作。例如，假设一个 API 要求使用大小为 MAX_PATH 的固定的 char 数组（另见第77 条和第 78 条）。如果能肯定数组总是被当作以空字符结束的 C 语言字符串处理的话，这种立即赋值的方式就已经够好了：

```
// 可以接受: 创建一个空路径
char path[MAX_PATH]; path[0] = '\0';
```

下面这种更安全的初始化则用 0 填充了数组中的所有字符：

```
// 更好: 创建一个以0填充的路径
char path[MAX_PATH] = {'\0' };
```

两种方式都是可取的，但一般而言安全性总是优于不必要的效率考虑。

## 例外情况

硬件或者其他进程直接写入的输入缓冲区数据和 volatile 型数据不需要程序对其进行初始化。

## 参考文献

[Dewhurst03] §48 • [Stroustrup00] §4.9.5, §6.3

## 第⑳条
# 避免函数过长，避免嵌套过深

## 摘要

短胜于长，平优于深：过长的函数和嵌套过深的代码块的出现，经常是因为没能赋予一个函数以一个紧凑的职责所致（见第 5 条），这两种情况通常都能够通过更好的重构予以解决。

## 讨论

每个函数都应该是顾其名而能思其义，易于理解的工作单元（见第 5 条和第 70 条中的讨论）。如果与此相反，函数试图将多个这样的小概念单元合并到一个长的函数体中，那么它最终将不堪重负。

过长的函数和嵌套过深的代码块（比如 if、for、while 和 try 代码块）是使函数更难于理解和维护的密不可分的两大元凶（而且经常毫无必要）。

每级嵌套都会增加阅读代码时的脑力消耗，因为需要在脑子里维护一个"栈"（比如，进入条件语句、进入循环、进入 try、进入条件语句……）。你是否有过这样的可怕经历：在别人编写的代码里众多的 for、while 和 if 语句中为一个右括号寻找匹配？应该做进一步的功能分解，从而避免使代码的阅读者一次记住太多的上下文。

请遵循这样的常识和常理：限制函数的长度和嵌套深度。以下所有的合理建议对这一点都有所裨益。

- 尽量紧凑：对一个函数只赋予一种职责（见第 5 条）。
- 不要自我重复：优先使用命名函数，而不要让相似的代码片断反复出现。
- 优先使用&&：在可以使用&&条件判断的地方要避免使用连续嵌套的 if。
- 不要过分使用 try：优先使用析构函数进行自动清除而避免使用 try 代码块（见第 13 条）。
- 优先使用标准算法：算法比循环嵌套要少，通常也更好（见第 84 条）。
- 不要根据类型标签（type tag）进行分支（switch）。优先使用多态函数（见第 90 条）。

## 例外情况

如果一个函数的功能无法合理地重构为多个独立的子任务（因为任何重构尝试都需要传递许多局部变量和上下文，使重构结果的可读性非但不好，反而更差），那么它的较长和嵌套较多就是合理的。但是如果有几个这样的函数都具有相似的参数，那么它们就有可能成为一个新类的成员。

## 参考文献

[Piwowarski82] • [Miller56]

# 第21条
# 避免跨编译单元的初始化依赖

## 摘要

保持（初始化）顺序：不同编译单元中的名字空间级对象决不应该在初始化上互相依赖，因为其初始化顺序是未定义的。这样做会惹出很多麻烦，轻则在项目中稍做修改就会引发奇怪的崩溃，重则出现严重的不可移植问题——即使是同一编译器的新版本也不行。

## 讨论

在不同的编译单元中定义两个名字空间级的对象时，先调用哪一个对象的构造函数是没有定义的。经常（但并非总是）工具可能会碰巧按照编译单元目标文件的连接顺序初始化，但这种假设并不总是可靠的；即使确实如此，你总不会希望自己代码的正确性难以捉摸地依赖于 makefile 或者项目文件吧。（更多顺序依赖的恶果，另见第 59 条。）

因此，在任何名字空间级对象的初始化代码中，不能假设其他编译单元中定义的任何其他对象都已经初始化了。这些考虑方法也适用于动态初始化的原始类型变量，比如名字空间级的 bool reg_success = LibRegister("mylib");。

请注意，甚至在使用构造函数构造之前，名字空间级对象就已经用 0 静态初始化过了（与自动对象等初始时包含无用数据相反）。有些自相矛盾的是，这种零初始化会使错误更难以检查，因为静态的零初始化不会迅速使程序崩溃，而是使未初始化对象显现出一种看似合法的表象。你可能认为字符串是空的，指针是空的，整数型变量为 0，而事实上，代码已经费劲地将它们初始化了。

为了避免这一问题，应该尽可能地避免使用名字空间级的变量，它们很危险（见第 10 条）。如果确实需要可能依赖于另一个变量的此种变量，可以考虑使用 Singleton（单体）设计模式。使用时要小心一些，可以通过确保对象在第一次访问时被初始化，来避免隐含的依赖性。Singleton 本质上也是全局变量——披着羊皮的"狼"（另见第 10 条），它会因为相互依赖或者循环依赖而被破坏（同样，零初始化只会使情况更复杂）。

## 参考文献

[Dewhurst03] §55 • [Gamma95] • [McConnell93] §5.1-4 • [Stroustrup00] §9.4.1, §10.4.9

# 第22条
# 尽量减少定义性依赖。避免循环依赖

## 摘要

不要过分依赖：如果用前向声明（forward declaration）能够实现，那么就不要包含（#include）定义。

不要互相依赖：循环依赖是指两个模块直接或者间接地互相依赖。所谓模块就是一个紧凑的发布单元（见"名字空间与模块"部分的引言部分）。互相依赖的多个模块并不是真正的独立模块，而是紧紧胶着在一起的一个更大的模块，一个更大的发布单元。因此，循环依赖有碍于模块性，是大型项目的祸根。请避免循环依赖。

## 讨论

除非确实需要类型定义，否则应该优先使用前向声明。主要在两种情形下需要某个类比如 C 的完整定义。

- 需要知道 C 对象的大小时。例如，在栈中分配一个 C，或者作为另一个类型直接具有的成员分配一个 C。
- 需要命名或者调用 C 的成员时。例如，调用成员函数时。

为了遵循本书的一贯宗旨，我们从一开始就将可能导致编译时错误的循环依赖搁置不谈，因为如果遵循了文献和本书第 1 条中提出的合理建议，就应该已经避免了这种情况。所以我们将注意力集中在可编译代码中的循环依赖上，探讨它们是如何影响代码质量的，以及采取什么步骤可以避免。

一般而言，应该在模块层次上考虑依赖性及其循环。模块是一同发布的类和函数的紧凑集合（见第 5 条和"名字空间与模块"部分的引言部分）。最简单形式的循环依赖是两个直接互相依赖的类：

```
class Child;              // 打破循环依赖

class Parent {// ……
  Child* myChild_;
};

class Child {// ……       // 可能位于不同的头文件中
  Parent* myParent_;
};
```

　　这里 Parent 和 Child 存在互相依赖。代码能够编译，但是有一个根本性的问题：两个类不再是独立的，而是互相依赖的了。这种情况未必很糟，但是应该只出现在两个类同属一个模块（由同一个人或者小组开发，作为一个整体进行测试和发布）的时候。

　　为了对比，我们考虑如下情况：如果 Child 不需要保存回指向其 Parent 对象的链接又会怎么样呢？那么 Child 就可以独自作为一个更小的模块（可能名字不同）发布，完全独立于Parent——这种设计显然更加灵活。

　　如果依赖循环跨越多个模块（这些模块将因为依赖关系而联合起来形成一个大的发布单元），情况只会变得更糟。这正是为什么称循环是模块性最凶恶的敌人的原因。

　　为了打破循环，可以应用[Martin96a]和[Martin00]（另见第 36 条）中记载的依赖倒置原理（Dependency Inversion Principle）：不要让高层模块依赖于低层模块；相反，应该让两者都依赖于抽象。如果能够为 Parent 或 Child 定义独立的抽象类，那么就能够打破循环了。否则，就必须保证它们属于同一模块。

　　依赖有一种特殊形式，一些设计颇受其害：派生类的传递依赖（transitive dependency），即基类依赖于所有的派生类，包括直接的和间接的。Visitor（访问器）设计模式的一些实现就会导致这种依赖。它只对极为稳定的类层次而言是可以接受的。否则可能需要修改设计，例如使用Acyclic Visitor（非循环访问器）模式[Martin98]。

　　过度相互依赖的一个症状，就是局部发生变化时需要进行增量构建，不得不重新编译项目中的很大一部分代码（见第 2 条）。

## 例外情况

　　类之间的依赖循环并不一定都是坏事——只要类被认为属于同一模块，一起测试，一起发布。诸如 Command 和 Visitor 等设计模式的原始实现就会产生天生相互依赖的接口。这种相互依赖可以被打破，但是需要进行明确的设计才行。

## 参考文献

[Alexandrescu01] §3 • [Boost] • [Gamma95] • [Lakos96] §0.2.1, §4.6-14, §5 • [Martin96a] • [Martin96b] • [Martin98] §7 • [Martin00] • [McConnell93] §5 • [Meyers97] §46 • [Stroustrup00] §24.3.5 • [Sutter00] §26 • [Sutter02] §37 • [Sutter03]

# 第❷❸条
# 头文件应该自给自足

## 摘要

各司其责：应该确保所编写的每个头文件都能够独自进行编译，为此需要包含其内容所依赖的所有头文件。

## 讨论

如果一个文件包含某个头文件时，还要包含另一个头文件才能工作，就会增加交流障碍，给头文件的用户增添不必要的负担。

多年前，有些专家曾建议头文件不应该包含其他头文件，因为多次打开和分析带包含保护符（#include guard）的头文件会增加开销。幸运的是，这基本上已经过时了，许多现代的 C++编译器能够自动识别头文件保护符（见第 24 条），甚至不会两次打开同一个头文件。有些编译器还提供了预编译的头文件，有助于确保不会经常分析那些常用而且很少变化的头文件。

但是，不要包含并不需要的头文件，它们只会带来零乱的依赖性。

可以考虑采用这种有助于使头文件自给自足的技术：构建时，独立编译每个头文件，并确认没有产生错误或者警告。

## 示例

一些更微妙的问题，其成因与模板在关。

**例 1**　非独立名称。模板是在其定义处编译的，但是有一个例外：非独立名称或者类型要等到模板实例化时才编译。这意味着带有一个 std::deque<T>成员的 template<class T> class Widget，即使没有包含<deque>也不会引发编译时错误，只要没有人实例化 Widget。如果 Widget 必然会被实例化，则头文件中显然应该加入这样的语句：#include <deque>。

**例 2**　只在使用时才实例化成员函数模板和模板的成员函数。假设 Widget 没有类型为 std::deque<T>的成员，但是它的 Transmogrify 成员函数使用了 deque。那么，Widget 的调用者就可以正常实例化和使用 Widget，即使没有包含<deque>，但前提是调用者没有使用 Transmogrify。默认时，Widget 头文件仍然应该包含<deque>，因为这至少对于某些 Widget 的调用者是必要的。在一些很罕见的情况下，为了很少使用的模板函数，需要包含一个开销很大的头文件，这时应该考虑将这些函数重构为非成员函数，放在一个单独的头文件中，并在该头文件中包含大开销的头文件（见第 14 条）。

## 参考文献

[Lakos96] §3.2 • [Stroustrup00] §9.2.3 • [Sutter00] §26-30 • [Vandevoorde03] §9-10

# 第㉔条
# 总是编写内部#include 保护符，决不要编写外部#include 保护符

## 摘要

为头（文件）添加保护：在所有头文件中使用带有惟一名称的包含保护符（#include guard），防止无意的多次包含。

## 讨论

应该用内部包含保护符保护每个头文件，以避免在多次包含时重新定义。例如，头文件 foo.h 应该采用下面的一般形式：

```
#ifndef FOO_H_INCLUDED_
#define FOO_H_INCLUDED_
// ……文件内容……
#endif
```

定义包含保护符时，应该遵守如下规则。

- 保护符使用惟一名称。确保名称至少在你的应用程序中是惟一的。上面的代码中采用了流行的命名规范，保护符名称可以包含应用程序名称，还有一些工具，能够生成包含随机数的保护符名称。

- 不要自作聪明。不要在受保护部分的前后放置代码或者注释，要谨遵上面的标准形式。虽然如今的预处理器能够检测出包含保护符，但是它们的智商有限，只认识正好位于头文件开始和结束处的保护代码。

避免使用一些比较老的书中所提倡的已经过时了的外部包含保护符：

```
#ifndef FOO_H_INCLUDED_          // 不推荐
#include "foo.h"
#define FOO_H_INCLUDED_
#endif
```

外部包含保护符非常令人厌烦，对于当今的编译器来说已经过时了，而且因为耦合太紧密（调用者和头文件必须就保护符名称达成一致），很容易出错。

## 例外情况

在一些非常罕见的情况下，可能需要多次包含一个头文件。

## 参考文献

[C++03, §2.1] • [Stroustrup00] §9.3.3

# 函数与操作符

如果一个过程有 10 个参数，那么你很可能还遗漏了一些。

——Alan Perlis

函数，包括重载操作符，都是基本的工作单元。正如我们将在后面"错误处理与异常"部分（尤其是第 70 条）中看到的，这一点对我们判断代码的正确性和安全性有直接的影响。

但是，让我们首先来考虑一些编写函数（包括操作符）的基本机制。具体而言，我们将把精力放在函数的参数、语义和重载上。

本部分中我们选出的最有价值条款是第 26 条：保持重载操作符的自然语义。

# 第❷❺条
# 正确地选择通过值、（智能）指针或者引用传递参数

## 摘要

正确选择参数：分清输入参数、输出参数和输入/输出参数，分清值参数和引用参数。正确地传递参数。

## 讨论

正确选择参数是通过值、通过引用还是通过指针传递，是一种能够最大程度提高安全性和效率的好习惯。

虽然效率不应该是我们预先关注的首要问题（见第 8 条），但我们当然也没有必要在所有其他因素包括清晰性都相同的情况下编写低效的代码（见第 9 条）。

选择如何传递参数时，应该遵循以下准则。对于只输入（input-only）参数：

● 始终用 const 限制所有指向只输入参数的指针和引用；

● 优先通过值来取得原始类型（如 char、float）和复制开销比较低的值对象（如 Point、complex<float>）的输入；

● 优先按 const 的引用取得其他用户定义类型的输入；

● 如果函数需要其参数的副本，则可以考虑通过值传递代替通过引用传递。这在概念上等同于通过 const 引用传递加上一次复制，能够帮助编译器更好地优化掉临时变量。

对于输出参数或者输入/输出参数：

● 如果参数是可选的（这样调用者可以传递 null 表示"不适用的"或"无需关心的"值），或者函数需要保存这个指针的副本或者操控参数的所有权，那么应该优先通过（智能）指针传递；

● 如果参数是必需的，而且函数无需保存指向参数的指针，或者无需操控其所有权，那么应该优先通过引用传递。这表明参数是必需的，而且调用者必须提供有效对象。

不要使用 C 语言风格的可变长参数（见第 98 条）。

## 参考文献

[Alexandrescu03a] • [Cline99] §2.10-11, 14.02-12, 32.08 • [Dewhurst03] §57 • [Koenig97] §4 • [Lakos96] §9.1.11-12 • [McConnell93] §5.7 • [Meyers97] §21-22 • [Stroustrup94] §11.4.4 • [Stroustrup00] §5.5, §11.6, §16.3.4 • [Sutter00] §6, §46

# 第❷❻条
# 保持重载操作符的自然语义

## 摘要

程序员讨厌意外情况：只在有充分理由时才重载操作符，而且应该保持其自然语义；如果做到这一点很困难，那么你可能已经误用了操作符重载。

## 讨论

虽然任何人都会同意（我们希望如此）不应该在 operator+的实现中实现减法操作，但是还有另外一些微妙的情况存在。例如，Tensor 类的 operator*是指数积还是向量积呢？operator+=( Tensor& t, unsigned u )是将 u 加到 t 的每个元素上，还是重新设置t 的大小呢？在这种模糊的或者违反直觉的情况下，应该使用命名函数，避免使本来就像谜一样的代码更加雪上加霜。

对于值类型（但不是所有类型，见第 32 条）："如果有疑问，就按 int 类型那样去操作。"[Meyers96]让操作符的行为及它们之间的关系模仿内置类型，能够确保任何人都不会感到惊讶。如果所选择的语义可能使别人吃惊，那么操作符重载可能就不是什么好主意。

程序员通常希望操作符成组出现。如果对于自定义的某个操作符@来说，表达式 a @ b 是合式的（well formed）（可能在转换之后），那么就问自己一个问题：调用者也能不出意料地写 b @ a 这样的表达式吗？可以写 a @= b 吗？（见第 27 条。）如果操作符有逆操作（比如+和-，或者*和/），那么两种操作都支持吗？

具名函数不大可能有这样的假定关系，因此如果可能对语义产生疑问，要改进代码清晰度时应该优先采用具名函数。

## 例外情况

有些非常专门的程序库（如分析器生成程序和正则表达式引擎）为操作符定义了特定于领域的规范，与 C++语义迥异（如正则表达式引擎可能用 operator*表示"零或者更多"）。应该为这种不常见的操作符重载寻找替代方案（比如，[C++TR104]中的正则表达式就使用了字符串，这样可以非常自然地使用*，而无需重载操作符）。如果在三思之后，还是不得不选择使用操作符，那么一定要为你的规范定义一个一致的框架，谨防与任何内置操作符发生冲突。

## 参考文献

[Cline99] §23.02-06 • [C++TR104] §7 • [Dewhurst03] §85-86 • [Koenig97] §4 • [Lakos96] §9.1.1 • [Meyers96] §6 • [Stroustrup00] §11.1 • [Sutter00] §41

# 第 27 条
# 优先使用算术操作符和赋值操作符的标准形式

## 摘要

如果要定义 a+b，也应该定义 a+=b：在定义二元算术操作符时，也应该提供操作符的赋值形式，并且应该尽量减少重复，提高效率。

## 讨论

一般而言，对于某个二元操作符@（可能是+、–、*等），应该定义其赋值形式，使 a@=b 和 a=a@b 具有相同的含义（只不过第一种形式可能更高效，它只计算一次 a）。实现这一目标的标准方法就是用@=来定义@，如下所示：

```
T& T::operator@=( const T& ) {
  // ……具体的实现代码……
  return *this;
}

T operator@( const T& lhs, const T& rhs ) {
  T temp( lhs );
  return temp @= rhs;
}
```

这两个函数是协同工作的。赋值形式完成实际工作并返回其左参数。非赋值形式从 lhs 创建一个临时变量，然后调用赋值形式修改该变量，并返回它。

请注意这里 operator@是非成员函数，因此将具有一种属性：能够同样接受左参数和右参数的隐式转换（见第 44 条）。例如，如果定义了一个类 String，其隐式构造函数的参数为一个 char，那么将 operator+( const String&, const String& )指定为非成员函数可以使得 char + String 和 String + char 都能工作，而成员函数版本的 String::operator+( const String& )只能接受后者。注重效率的实现方式可能会选择定义多个 operator@的非成员重载版本，以避免出现由于转换而导致的临时变量激增的情况（见第 29 条）。

如果可能，可以将 operator@=也设为非成员函数（见第 44 条）。无论如何，都应将所有非成员操作符放入像 T 这样的同一个名字空间下，这样既便于调用者使用，又可以避免名字查找问题（见第 57 条）。

一种变体是让 operator@ 通过值接受其第一个参数。这样，可以安排编译器自己隐式地执行复制，这能够在应用优化上给编译器以更多的灵活性：

```
T& operator@=( T& lhs, const T& rhs ) {
  // ……具体的实现代码……
  return lhs;
}

T operator@( T lhs, const T& rhs ) {          // 通过值接受lhs
  return lhs @= rhs;
}
```

另一种变体是让 operator@返回一个 const 值。这种技术的优势在于，它禁止了 a + b = c 一类的废话式的代码，但是这样也要付出一定的代价：它禁止了一些可能有用的结构，比如 a = (b + c).replace(pos, n, d)——这是很有表达力的代码，一个式子就合并了字符串 b 和 c，替换了一些字符，然后将最后结果赋值给 a，可谓一石三鸟。

## 示例

**例**　一个用于字符串的+=的实现。合并字符串时，预先知道长度是很有用的，这样只分配一次内存就可以了。

```
String& String::operator+=( const String& rhs ) {

  // ……具体的实现代码……

  return *this;
}

String operator+( const String& lhs, const String& rhs ) {
  String temp;                              // 初始时是空的
  temp.Reserve( lhs.size() + rhs.size() );  // 分配足够内存
  return (temp += lhs) += rhs;              // 追加字符串然后返回
}
```

## 例外情况

在一些情况下（比如操作于复数的 operator*=），操作符可能要显著地改变其左参数，此时用 operator*实现 operator*=可能会比反过来更有利。

## 参考文献

[Alexandrescu03a] • [Cline99] §23.06 • [Meyers96] §22 • [Sutter00] §20

# 第❷❽条
# 优先使用++和--的标准形式。优先调用前缀形式

## 摘要

如果定义++c，也要定义 c++：递增和递减操作符很麻烦，因为它们都有前缀和后缀形式，而两种形式语义又略有不同。定义 operator++和 operator--时，应该模仿它们对应的内置操作符。如果不需要原值，应该优先调用前缀版本。

## 讨论

关于 C++有一个古老的笑话，这种语言之所以称为 C++而非++C，是因为它虽然已经进行了改进（递增），但是很多人还在把它当 C（原值）使用。幸运的是，这个笑话现在已经过时了，但是它对于理解两种操作符形式的区别仍然非常有用。

对于++和--而言，后缀形式返回的是原值，而前缀形式返回的是新值。应该用前缀形式实现后缀形式。标准形式是：

```
T& T::operator++() {          T& T::operator--() {          // 前缀形式:
  // 执行递增                    // 执行递减                   // - 完成任务
  return *this;                 return *this;                 // - 总是返回 *this;
}                             }

T T::operator++(int) {        T T::operator--(int) {        // 后缀形式:
  T old( *this );               T old( *this );               // - 保存旧值
  ++*this;                      --*this;                      // - 调用前缀版本
  return old;                   return old;                   // - 返回旧值
}                             }
```

在调用代码时，要优先使用前缀形式，除非确实需要后缀形式返回的原值。前缀形式在语义上与后缀形式是等价的，输入工作量也相当，只是效率会经常略高一些，因为前缀形式少创建了一个对象。这不是不成熟的优化，这是在避免不成熟的劣化（见第 9 条）。

## 例外情况

表达模板框架将通过不同的方式保持语义。

## 参考文献

[Cline99] §23.07-08 • [Dewhurst03] §87 • [Meyers96] §6 • [Stroustrup00] §19.3 • [Sutter00] §6, §20

# 第❷❾条
# 考虑重载以避免隐含类型转换

## 摘要

如无必要勿增对象（奥卡姆剃刀原理[①]）：隐式类型转换提供了语法上的便利（但另见第 40 条）。但是如果创建临时对象的工作并不必要而且适合于优化（见第 8 条），那么可以提供签名与常见参数类型精确匹配的重载函数，而且不会导致转换。

## 讨论

如果你在办公室里用完了打印纸，该怎么办呢？当然了，可以到复印机那里复印几张白纸来用。

这听上去很愚蠢，但是隐式转换经常与此如出一辙：不必要地经历创建临时变量的麻烦，只是为了执行一些不重要的操作，然后就把它们丢弃（见第 40 条）。常见的例子是字符串比较：

```
class String {// ……
    String( const char* text );                      // 允许隐式转换
};
bool operator==( const String&, const String& );
// ……代码中某处……
if( someString == "Hello" ) {... }
```

遇到如上定义后，编译器将编译比较操作，就好像我们编写了 someString==String("Hello") 一样。这可能很浪费，因为并不需要只为了读取而复制字符。这一问题的解决办法很简单：定义重载以避免转换。例如：

```
bool operator==( const String& lhs, const String& rhs );    // #1
bool operator==( const String& lhs, const char* rhs );      // #2
bool operator==( const char* lhs, const String& rhs );      // #3
```

这看似有重复代码，实则只是"签名重复"而已，因为所有三个重载通常都使用相同的后端函数。这样的简单重载，使你不可能掉入不成熟的优化的陷阱（见第 8 条），而且提供它们只是小菜一碟[②]，尤其是在设计程序库的时候，这时想要提前预测在性能敏感的代码中将出现哪些常见类型是很困难的。

## 参考文献

[Meyers96] §21 • [Stroustrup00] §11.4, §C.6 • [Sutter00] §6

---

[①] 奥卡姆剃刀原理（Occam's Razor）是由 14 世纪逻辑学家、圣方济各会修士、来自奥卡姆的威廉（William of Occam）提出的一个原理。奥卡姆在英格兰的萨里郡，是威廉的出生地。这个原理的英文原型就是"Entities should not be multiplied beyond necessity"（如无必要，勿增实体），也可以简化为"最简单的解释通常最佳"，它构成了简化主义的基础。更现代的变体包括所谓 KISS（Keep It Simple，Stupid）原理和爱因斯坦的名言"理论应该尽量简单，但是不能太简单了"。中华文化中"大音希声"、"大象无形"和"大道至简"等说法都庶几近之。——译者注

[②] 原文为法语 de bon goût。——译者注

# 第㉚条
# 避免重载&&、||或,（逗号）

## 摘要

　　明智就是知道何时应该适可而止：内置的&&、|| 和 ,（逗号）得到了编译器的特殊照顾。如果重载它们，它们就会变成普通函数，具有完全不同的语义（这将违反第 26 条和第 31 条），这肯定会引入微妙的错误和缺陷。不要轻率地重载这些操作符。

## 讨论

　　不能重载 operator&&、operator||或 operator ,（逗号）的主要原因是，无法在三种情况下实现内置操作符的完整语义，而程序员通常都会需要这些语义。说得更具体一些，内置版本的特殊之处在于：从左到右求值，而&&和||还使用短路求值。

　　内置版本的&&和||首先计算左边的表达式，如果这完全能够决定结果（对&&而言是 false，对||而言是 true），就无需计算右边的表达式了——而且能够保证不需要。我们都非常习惯这种方便的特性了，以至于经常会让右边表达式的正确性依赖于左边表达式的成功：

```
Employee* e = TryToGetEmployee();
if( e && e->Manager() )
    // ……
```

这段代码的正确性依赖于这样的事实：如果 e 为空，则 e->Manager() 就不会进行运算。这极为常见而且非常令人满意——除非所使用的&&是重载 operator&&，因为此时含有&&的表达式将转而遵循以下函数规则。

- 函数调用将总是在执行之前对所有参数进行求值。
- 函数参数的求值顺序是不确定的。（另见第 31 条。）

让我们来看看以上代码片段的现代版本（使用了智能指针）：

```
some_smart_ptr<Employee> e = TryToGetEmployee();
if( e && e->Manager() )
    // ……
```

现在，如果这段代码碰巧调用了一个重载 operator&&（由 some_smart_ptr 或者 Employee 的作者提供），虽然看起来这并没有什么问题，但是在 e 为空时，仍有可能（而且是灾难性地）调用 e->Manager()。

　　另一些代码即使存在这样的立即求值问题，也不会引起核心转储，但是如果它也依赖于两个表达式的求值顺序的话，那么会由于其他原因而不能正确运行。其效果当然也可能是有害的。考虑下面的代码：

```
if( DisplayPrompt() && GetLine() )
    // ……
```

如果 operator&&是用户定义的操作符，那么 DisplayPrompt 和 GetLine 哪一个先调用是不确定的。程序可能将无可避免地出现这样的运行结果：在显示解释性的提示信息之前，就等待用户输入。

当然，这样的代码可能看上去能够通过当前编译器和构建设置。但它仍是脆弱的。编译器能够（而且的确会）选择最适合某次调用的顺序，考虑诸如所生成的代码大小、可用寄存器、表达式复杂性等因素。因此，同样的调用，其表现可能会因为编译器版本、编译器开关设置甚至调用周围的语句的不同而不同。

逗号操作符也存在同样的脆弱性。与&&和||一样，内置逗号保证其表达式是从左到右求值的（与&&和||不同的是，它总是要对两个表达式都求值）。用户定义的逗号操作符无法保证从左到右求值，通常会产生出乎意料之外的结果。例如，如果以下代码调用的是用户定义的逗号操作符，则无法确定 g 得到的值是 0 还是 1。

```
int i = 0;
f( i++ ), g( i );                      // 另见第31条
```

## 示例

**例**　用带有重载 operator, 的初始化库，用于对序列进行初始化。这个程序库试图通过重载逗号操作符，简化了向容器中增加多个值的操作，只需一条语句。例如，要在一个 vector<string> letters 中添加值：

```
set_cont(letters) += "a", "b";         // 有问题
```

这看起来似乎不错，但是一旦调用者这样编写时问题就出来了：

```
set_cont(letters) += getstr(), getstr();    // 使用重载的逗号操作符时顺序不确定
```

如果 getstr 要执行一些操作，比如获取用户控制台输入，而用户依序输入了字符串"c"和"d"，那么实际上可能会按任意顺序追加字符串。这当然很奇怪，因为内置的序列 operator,不会出现这种问题。

```
string s ;s== getstr(), getstr();      // 使用内置的逗号操作符时，顺序是确定的
```

## 例外情况

表达式模板库是一个例外，设计它的目的就是用来捕获所有操作符。

## 参考文献

[Dewhurst03] §14 • [Meyers96] §7, §25 • [Murray93] §2.4.3 • [Stroustrup00] §6.2.2

# 第31条
# 不要编写依赖于函数参数求值顺序的代码

## 摘要

保持（求值）顺序：函数参数的求值顺序是不确定的，因此不要依赖具体的顺序。

## 讨论

在 C 语言的早期，处理器中的寄存器是一种宝贵的资源，为了给高级语言中的复杂表达式高效地分配寄存器，编译器承受着很大压力。为了能够生成更快的代码，C 语言的创造者们赋予寄存器分配器额外的自由度：在调用函数时，其参数的求值顺序是悬而未定的。这种动机对于今天的处理器而言当然已经不那么重要了（这么说恐怕还有争议），但在 C++中求值顺序不确定仍然是事实，而且因为编译器的不同具体情况变化也很大（另见第 30 条）。

这种情况会使粗心大意的人遇上大麻烦。考虑下面的代码：

```
void Transmogrify( int, int );

int count = 5;
Transmogrify( ++count, ++count );          // 求值顺序未知
```

我们惟一能够确定的，就是运行一旦进入 Transmogrify 的函数体，count 的值就会变为 7——但是我们不知道它的参数哪个是 6，哪个是 7。这种不确定性也会发生在不那么明显的情况里，比如要附带修改参数（或者某个全局状态）的函数：

```
int Bump( int& x ) {return ++x; }
Transmogrify( Bump(count), Bump(count) );     // 仍然未知
```

按照第 10 条中的叙述，应该首先避免使用全局变量和共享变量。但是即使不使用这些变量，其他人的代码也可能会使用。例如，某些标准函数就会执行这种附带操作（比如 strtok，以 ostream 为参数的 operator<<的各种重载）。

这种问题解决起来其实很简单——使用命名对象控制求值顺序（见第 13 条）。

```
int bumped = ++count;
Transmogrify( bumped, ++count );              // ok
```

## 参考文献

[Alexandrescu00c] • [Cline99] §31.03-05 • [Dewhurst03] §14-15 • [Meyers96] §9-10 • [Stroustrup00] §6.2.2, §14.4.1 • [Sutter00] §16 • [Sutter02] §20-21

# 类的设计与继承

软件开发最重要的一个方面就是弄清楚自己要构建的是什么。

——Bjarne Stroustrup[1]

开发小组应该设计和构建哪种类？又是为什么呢？

有趣的是，本部分中大多数条款都主要或者完全是因为依赖性管理而激发出来的。例如，继承是使用 C++所能表达的紧密度第二位的关系，仅次于 friend；因此，说应该审慎、正确和很好地使用如此强大的工具，也就不足为奇了。

本部分中，我们将主要关注类设计中的一些关键问题，从极简主义到抽象，从组合到继承，从虚拟到非虚拟，从 public 到 private，从 new 到 delete：我们将讨论如何正确使用，如何不至于误用，如何避免掉入难于捉摸的陷阱，特别是如何管理依赖性。

在下一部分，我们将集中注意力，专门讨论四大特殊成员函数操作：默认构造、复制构造、复制赋值和销毁。

本部分中我们选出的最有价值条款是第 33 条：用小类代替巨类。

---

① 这句话出自 *The C++ Programming Language* §23.2。——译者注

# 第 32 条
# 弄清所要编写的是哪种类

## 摘要

了解自我：有很多种不同的类。弄清楚要编写的是哪一种。

## 讨论

不同种类的类适用于不同用途，因此遵循着不同的规则。值类（如 std::pair, std::vector）模仿的是内置类型。一个值类应该：

- 有一个公用析构函数、复制构造函数和带有值语义的赋值；
- 没有虚拟函数（包括析构函数）；
- 是用作具体类，而不是基类（见第 35 条）；
- 总是在栈中实例化，或者作为另一个类直接包含的成员实例化。

基类是类层次结构的构成要素。一个基类应该：

- 有一个公用而且虚拟，或者保护而且非虚拟的析构函数（见第 50 条），和一个非公用复制构造函数和赋值操作符（见第 53 条）；
- 通过虚拟函数建立接口；
- 总是动态地在堆中实例化为具体派生类对象，并通过一个（智能）指针来使用。

不严格地说来，traits 类是携带有关类型信息的模板。一个 traits 类应该：

- 只包含 typedef 和静态函数，没有可修改的状态或者虚拟函数；
- 通常不实例化（其构造一般是被禁止的）。

策略类（通常是模板）是可插拔行为的片段。一个策略类应该：

- 可能有也可能没有状态或者虚拟函数；
- 通常不独立实例化，只作为基类或者成员。

异常类提供了不寻常的值与引用语义的混合：它们通过值抛出，但应该通过引用捕获（见第 73 条）。一个异常类应该：

- 有一个公用析构函数和不会失败（no-fail）的构造函数（特别是一个不会失败的复制构造函数，从异常的复制构造函数抛出将使程序中止）；
- 有虚拟函数，经常实现克隆（见第 54 条）和访问（visitation）；
- 从 std::exception 虚拟派生更好。

附属类一般支持某些具体的惯用法（如 RAII，见第 13 条）。正确使用是很容易的，想误用反倒难了（具体例子见第 53 条）。

## 参考文献

[Abrahams01b] • [Alexandrescu00a] • [Alexandrescu00b] • [Alexandrescu01] §3 • [Meyers96] §13 • [Stroustrup00] §8.3.2, §10.3, §14.4.6, §25.1 • [Vandevoorde03] §15

# 第 33 条
# 用小类代替巨类

## 摘要

分而治之：小类更易于编写，更易于保证正确、测试和使用。小类更有可能适用于各种不同情况。应该用这种小类体现简单概念，不要用大杂烩式的类，它们要实现的概念既多又复杂（见第 5 条和第 6 条）。

## 讨论

设计花哨的大类，是刚开始进行面向对象设计时常犯的典型错误。能够毕其功于一役，让一个类提供完整和复杂的功能，当然是很诱人的。但是，设计易于组合的更小的、尽量小的类，才是实践中更为成功的方法，这对任何规模的系统都适用，原因如下。

- 小的类只体现了一个概念，粒度层次恰到好处。而巨类则很可能体现了几个不同的概念，使用这样的类将增加其他人的脑力耗费（见第 5 条和第 11 条）。

- 小的类更易于理解，被人使用和重用的可能性也越大。

- 小的类更易于部署。而巨类必须经常以一个笨重而又不可分的单位来部署。例如，一个巨大的 Matrix（矩阵）类可能要实现并部署一些比较特殊的功能，比如计算矩阵的特征值——即使大多数类的使用者只需要简单的线性代数计算。更好的封装方式，应该是将各种功能域实现为小的 Matrix 类型的非成员函数。然后这些功能域能够与需要它们的调用者隔离开来，进行测试和部署（见第 44 条）。

- 巨类会削弱封装性。如果类有许多不需要成为成员的成员函数（因此类的私有实现存在不必要的可见性），那么类的私有数据成员将变得与公用变量几乎一样糟糕。

- 巨类通常是因为试图预测和提供"完整"的问题解决方案而出现的，实践中，这种类从来都没有真正成功过。人们的需求总是在变化的，有时需要更多，有时又想要更少。

- 巨类更难保证正确和错误安全，因为它们经常要应付多种职责（见第 5 条和第 44 条）。

## 参考文献

[Cargill92]pp. 85-86, 152, 174-177 • [Lakos96] §0.2.1-2, §1.8, §8.1-2 • [Meyers97] §18 • [Stroustrup00] §16.2.2, §23.4.3.2, §24.4.3 • [Sutter04] §37-40

# 第❸❹条
# 用组合代替继承

## 摘要

避免继承带来的重负：继承是 C++中第二紧密的耦合关系，仅次于友元关系。紧密的耦合是一种不良现象，应该尽量避免。因此，应该用组合代替继承，除非知道后者确实对设计有好处。

## 讨论

人们经常过度地使用继承，即使是有经验的程序员也会如此。软件工程的一条明智原则，就是尽量减少耦合：如果一种关系不只有一种表示方式，那么应该用可行的最弱关系。

考虑到继承几乎是 C++中所能表达的最强关系（仅次于友元关系），因此只有在没有更弱的等价替代选择时，才适合使用。如果用组合就能表示类的关系，那么应该优先使用。

在此上下文中，所谓"组合"就是指在一个类型中嵌入另一个类型的成员变量。用这种方式能够保存和使用对象，还能控制耦合强度。

与继承相比，组合有如下重要优点。

● 在不影响调用代码的情况下具有更大的灵活性。私有数据成员是在我们控制之下的。在不破坏客户代码的前提下，可以将通过值保存切换为通过（智能）指针或者 Pimpl（见第 43 条）保存；只需要修改类自身（使用了私有数据成员的）成员函数的实现代码即可。如果决定使用不同的功能，则改变成员类型或者保存成员的方式都很容易，同时又能保持类的公用接口不变。相反，如果一开始就使用公用继承关系，则使用者很可能已经开始依赖于这种继承关系了；因此，类必须遵守这种关系，以后再想改变其基类设计就难了（见第 37 条）。

● 更好的编译时隔离，更短的编译时间。通过指针（用智能指针最好）保存对象，而不是以直接成员或者基类的形式，能够减少头文件的依赖性，因为声明对象的指针不需要对象的完整的类定义。相反，继承则总是要求基类的完整定义可见。常用的一种技术是将所有私有成员聚合在一个不透明的指针后面，这个指针就称为 Pimpl（见第 43 条）。

- 奇异现象减少。从一个类型继承，会导致名字查找涉及与该类型同一名字空间中定义的函数和函数模板。这是非常复杂的，很难进行调试（另见第 58 条）。

- 更广的适用性。有些类一开始并不是想设计成基类（另见第 35 条）。但是，大多数类都能充当一个成员的角色。

- 更健壮、更安全。继承的较强耦合性使编写错误安全代码更加困难（见[Sutter02] §23）。

- 复杂性和脆弱性降低。继承会带来更多额外的复杂情况，比如名字隐藏，而以后基类的改变也会带来其他麻烦。

当然，这些并不是反对继承本身的论据。继承能够提供大量的功能，包括可替换性和改写虚拟函数（见第 36 条至第 39 条，以及下面的例外情况）的能力。但是不要为不需要的东西付出代价；除非需要继承的功能，否则不要忍受其弊端。

## 例外情况

使用公用继承模仿可替换性（见第 37 条）。

即使不需要为所有调用者都提供可替换性关系，但是如果有以下任何一种需要，那么还是要用到非公用的继承，下面是按最常用（头两点）到极为罕用（其余）排序的需要。

- 如果需要改写虚拟函数。

- 如果需要访问保护成员。

- 如果需要在基类之前构造已使用过的对象，或者在基类之后销毁此对象。

- 如果需要操心虚拟基类。

- 如果能够确定空基类优化能带来好处，包括这种情况下优化的确很重要，以及这种情况下目标编译器确实能实施这种优化（见第 8 条）。

- 如果需要控制多态。相当于说，如果需要可替换性关系，但是关系应该只对某些代码可见（通过友元）。

## 参考文献

[Cargill92] pp.49-65, 101-105 • [Cline99] §5.9-10, 8.11-12, 37.04 • [Dewhurst03] §95 • [Lakos96] §1.7, §6.3.1 • [McConnell93] §5 • [Meyers97] §40 • [Stroustrup00] §24.2-3 • [Sutter00] §22-24, §26-30 • [Sutter02] §23

# 第**35**条
# 避免从并非要设计成基类的类中继承

## 摘要

有些人并不想生孩子：本意是要独立使用的类所遵守的设计蓝图与基类不同（见第 32 条）。将独立类用作基类是一种严重的设计错误，应该避免。要添加行为，应该添加非成员函数而不是成员函数（见第 44 条）。要添加状态，应该使用组合而不是继承（见第 34 条）。要避免从具体的基类中继承。

## 讨论

在不需要的情况下使用继承，实际上暴露出对面向对象的能力有一种错误的信任心理。在 C++中，定义基类时需要做一些特定的工作（另见第 32 条、第 50 条和第 54 条），而定义独立类时则需要做另外一些大不相同甚至经常相反的工作。从独立类中继承将使代码面临大量问题，而且其中很少有编译器能够发出警告或者报错。

初学者有时会从值类比如 string 类（可以是标准类，也可以不是）中派生，以"添加更多功能"。但是，定义自由（非成员）函数比创建 super_string 要好得多，原因如下。

- 非成员函数在已经处理了 string 的已有代码中工作良好。如果改而提供 super_string，就不得不在整个代码中强制实施相应修改，将类型和函数签名改为 super_string。

- 以 string 为参数的接口函数现在需要在以下三者中选其一：(a)避开 super_string 的附加功能（无用处），(b)复制其参数为 super_string（浪费），(c)将 string 引用强制转换为 super_string 引用（笨拙而且可能非法）。

- super_string 的成员函数对 string 内部的访问权限并不比非成员函数大，因为 string 可能没有保护成员（请记住，并不是本来就要将它设计成可以被派生）。

- 如果 super_string 隐藏了 string 的一些函数（在一个派生类中重新定义一个非虚拟函数并不是改写，而只是隐藏），在处理 string 的代码中就会产生普遍的混淆，以为这些 string 是从 super_string 中自动转换而来的。

因此，应该通过新的非成员函数来添加功能（见第 44 条）。为了避免名字查找问题，一定要将这些函数与要扩展的类型放在同一个名字空间中（见第 57 条）。有些人不喜欢非成员函数，因为它的调用语法是 Fun(str)而不是 str.Fun()，但这只是一种语法习惯和熟悉与否的问题而已。（由此产生了一句名言，仍然来自传奇人物 Alan Perlis："太多的语法糖会导致分号癌。")

如果 super_string 需要从 string 继承，以添加更多状态，比如编码或者缓存的词计数，将会怎么样呢？公用继承仍然是不可取的，因为 string 并不能防止切片（slicing）现象的发生（见第54 条），所以任何 super_string 到 string 的复制都将导致精心维护的额外状态的截除，而且是不加警告地进行的。

最后，从带有公用非虚拟构造函数的类继承，将面临这样的风险：删除（delete）实际上指向 super_string 对象的 string 指针将产生未定义行为，会将代码搞得一团糟（见第 50 条）。这种未定义行为似乎能被编译器和内存分配器接受，但是它却会使我们陷入黑暗的沼泽——产生没有警告的错误、内存泄漏、堆损坏和移植性恶梦。

## 示例

**例 1**　用组合代替公用继承或者私有继承。如果的确需要这样一个 localized_string："与 string 差不多，但是状态和函数比 string 多，而且要对现有的一些 string 函数进行微小的修改"，而许多函数的实现仍然保持不变，该怎么办呢？应该安全地用 string 的现有结构，通过包含而不是继承（这样能够防止切片和未定义的多态删除）来安全地实现它，同时添加一些通道函数（passthrough function）使未改变的函数可见：

```
class localized_string {
public:
    // ……为需要保持不变的string成员函数
    // 提供通道函数（比如，定义名为insert的函数来调用impl_.insert）……
    void clear();                              // 屏蔽/重新定义clear()
    bool is_in_klingon() const;               // 添加功能
private:
    std::string impl_;
    // ……添加更多状态……
};
```

必须承认的是，为需要保留的成员函数编写通道函数是很枯燥的，但是这种实现方式比使用公用或者非公用继承要好得多，也安全得多。

**例 2**　std::unary_function。尽管 std::unary_function 没有虚拟函数，但它确实是要设计成基类的，而且这并不违反本条款。（但 unary_function 可以通过提供一个保护的析构函数来改善，见第 55 条。）

## 参考文献

[Dewhurst03] §70, §93 • [Meyers97] §33 • [Stroustrup00] §24.2-3, §25.2

# 第36条
# 优先提供抽象接口

## 摘要

偏爱抽象艺术吧：抽象接口有助于我们集中精力保证抽象的正确性，不至于受到实现或者状态管理细节的干扰。优先采用实现了（建模抽象概念的）抽象接口的设计层次结构。

## 讨论

应该定义和继承抽象接口。抽象接口是完全由（纯）虚拟函数构成的抽象类，没有状态（成员数据），通常也没有成员函数实现。请注意，在抽象接口中避免使用状态能够简化整个层次结构的设计（具体示例请参阅[Meyers96]）。

应该遵守依赖性倒置原理（Dependency Inversion Principle, DIP，见[Martin96a]和[Martin00]）。DIP 是如下表述的。

- 高层模块不应该依赖于低层模块。相反，两者都应该依赖抽象。

- 抽象不应该依赖于细节。相反，细节应该依赖抽象。

遵守 DIP 意味着层次结构应该以抽象类而不是具体类为根（见第 35 条）。抽象基类必须负责定义功能，而不是实现功能。换言之，策略应该上推，而实现应该下放。

DIP 有三个基本的设计优点。

- 更强的健壮性。系统中较不稳定的部分（即实现）依赖于更稳定的部分（即抽象）。健壮的设计就是能将修改限于局部的设计。相反，在一个脆弱的系统中，很小的修改也会以种种糟糕的方式传播到系统意料不到的部分去。包含具体基类的设计正是如此。

- 更大的灵活性。基于抽象接口的设计通常更加灵活。如果能正确地建模抽象，那么就能很容易地针对新的需求设计新的实现。相反，依赖于许多具体细节的设计是很难改变的，因为新的需求将导致核心性的修改。

- 更好的模块性。依赖于抽象的设计，其模块性较好，因为它的依赖层次很简单：高度可变的部分依赖于稳定部分，而不是相反。相反，设计如果含有混合了实现细节的接口，就很可能会出现复杂的依赖网，这样一来，想要将这个设计作为一个单元插入到另一个系统中重新应用，就会变得很困难。

与此相关的二次机会定律（Law of Second Chances）是这样陈述的："需要保证正确的最重要的东西是接口。其他所有东西以后都可以修改。如果接口弄错了，可能再也不允许修改了。"[Sutter04]

通常，应该选择公用虚拟析构函数以允许多态删除（见第 50 条），除非使用了诸如 COM 或 CORBA 这样的对象代理，它们使用的是另一种内存管理机制。

要对并非抽象接口的类进行多重继承时要多加小心。虽然使用了多重继承的设计具有很强的表达力，但还是很难保证正确，很容易出错。尤其是这种设计中的状态管理非常困难。

在第 34 条中说过，从一个类型中继承还可能导致名字查找耦合：会很微妙地涉及该类型名字空间中的函数（另见第 58 条）。

## 示例

**例**　备份程序。原始的设计中，高层组件会依赖于低层的细节。例如，一个设计不佳的备份程序可能有一个归档组件直接依赖于读取目录结构的类型或者例程，以及将数据写入磁带的其他类型或者例程。修改这样的程序以适应新的文件系统和备份硬件需要进行大幅度的重新设计。

如果能够围绕着一个精心设计的文件系统和备份设备的多个抽象来设计备份系统的逻辑，那么就不需要重新设计了——只需添加新的抽象接口实现，并加入系统中即可。这样新的需求将能够很自然地通过新的代码满足，新的需求不应该引起对已有代码的重新改写。

## 例外情况

空基类优化是一个纯粹为了优化而使用继承（最好是非公用的）的实例（另见第 8 条）。

基于策略的设计看上去似乎是让高层组件依赖于实现细节（即策略），然而，那只是使用了静态多态而已。抽象接口仍然存在，只不过是隐式的，并没有通过纯虚拟函数显式地声明而已。

## 参考文献

[Alexandrescu01] • [Cargill92] pp.12-15, 215-218 • [Cline99] §5.18-20, 21.13 • [Lakos96] §6.4.1 • [Martin96a] • [Martin00] • [Meyers96] §33 • [Stroustrup00] §12.3-4, §23.4.3.2, §23.4.3.5, §24.2-3, §25.3, §25.6 [Sutter04] §17

# 第❸❼条
# 公用继承即可替换性。继承，不是为了重用，而是为了被重用

## 摘要

知其然：公用继承能够使基类的指针或者引用实际指向某个派生类的对象，既不会破坏代码的正确性，也不需要改变已有代码。

还要知其所以然：不要通过公用继承重用（基类中的已有）代码，公用继承是为了被（已经多态地使用了基对象的已有代码）重用的。

## 讨论

尽管我们已经有了 20 多年面向对象设计的历史，但是公用继承的目的和实践依然经常被人误解，许多继承的使用都是有问题的。

按照 Liskov 替换原则（Liskov Substitution Principle；见[Liskov88]），公用继承所建模的必须总是"是一个（is-a）"[即更精确的"其行为像一个（works-like-a）"]关系：所有基类约定必须满足这一点，因此如果要成功地满足基类的约定，所有虚拟成员函数的改写版本就必须不多于其基类版本，其承诺也必须不少于其基类版本。使用指向 Base 的指针或者引用的代码必须能正确工作，即使指针或者引用实际上指向的是 Derived。

继承的误用将破坏正确性。没有被正确实现的继承大多数都会因为无法遵守基类确定的显式或者隐式约定而迷乱。这种约定可能是很微妙的，如果无法在代码中直接表达，程序员就必须格外小心。（有些模式有助于在代码中声明更多意图，见第 39 条。）

为了提炼出一个能够被经常引用的例子，让我们考虑两个类 Square 和 Rectangle，它们都有设置高度和宽度的虚拟函数。因此 Square 无法正确地从 Rectangle 中继承，因为代码要使用可修改的 Rectangle，就必须假定 SetWidth 不能改变高度（无论 Rectangle 是否显式地说明了这一约定），而 Square::SetWidth 不能同时遵守此约定及其自身的正方形不变性。但是 Rectangle 也无法正确地从 Square 继承，因为 Square 的使用者可能会用到一些 Rectangle 不具备而 Square 独有的性质，比如，Square 的面积是其宽度的平方。

当人们使用公用继承进行不相关的现实类比时，其实就已经误解了公用继承中"是一个"这

种描述的意义：从数学上说，一个正方形的确"是一个"矩形，但是在行为上一个 Square 并不是一个 Rectangle。因此，我们不使用"是一个"，而喜欢说"其行为像一个"（或者，如果愿意的话，说"可以用作一个"也行），这样可以避免描述易于误解。

公用继承确实与重用有关系，但不是许多程序员所想像的那种方式。正如前面已经指出的，公用继承的目的是实现可替换性（见[Liskov88]）。公用继承的目的并不是为了派生类重用基类的代码，从而用基类代码实现自己。这种"用……来实现"的关系可能完全没有问题，但是应该用组合关系来建模——或者仅仅在某些特殊情况下，通过非公用继承来实现（见第 34 条）。

这可以用另一种说法来表述：当动态多态正确而且适合时，组合是自私的，而继承是慷慨的。

新的派生类是已有通用抽象的新特例。已有的（动态）多态代码通过调用 Base 的虚拟函数来使用 Base&或者 Base*，应该能够无缝地使用继承自 Base 的 MyNewDerivedType 的对象。新的派生类型向已有代码中添加新功能时，不需要修改已有代码，而是可以在加入新派生对象时无缝地增加其功能。

新的需求应该很自然地由新代码满足，新的需求不应该导致对已有代码的重新改写（见第 36 条）。

在面向对象技术出现之前，新代码调用已有代码就一直很容易。尤其是公用继承使已有代码安全无缝地调用新代码变得更加容易了。（模板也是如此，它提供了可以很好地与动态多态混合使用的静态多态，见第 64 条。）

## 例外情况

策略类和混入类（mixins）[①]通过公用继承添加行为，但这并不是误用公用继承来建模"用……来实现"关系。

## 参考文献

[Cargill92] pp.19-20 • [Cline99] §5.13, §7.01-8.15 • [Dewhurst03] §92 • [Liskov88] • [Meyers97] §35 • [Stroustrup00] §12.4.1, §23.4.3.1, §24.3.4 • [Sutter00] §22-24

---

① 为虚拟基类提供部分（而不是全部）实现的类通常称为"混入类"。请见[Stroustrup00]§15.2.5.1。——译者注

## 第❸❽条
## 实施安全的覆盖

### 摘要

负责任地进行覆盖：覆盖一个虚拟函数时，应该保持可替换性；说得更具体一些，就是要保持基类中函数的前后置条件。不要改变虚拟函数的默认参数。应该显式地将覆盖函数重新声明为 virtual。谨防在虚拟类中隐藏重载函数。

### 讨论

虽然派生类通常会增加更多状态（即数据成员），但它们所建模的是其基类的子集而非超集。在正确的继承关系中，派生类所建模的是更一般的基础概念的一个特例（见第 37 条）。

这对正确覆盖有直接的影响：因为包含关系隐含着可替换性——适用于整个集合的操作也应该适用于其任何子集。在基类保证了操作的前后条件后，任何派生类都必须遵守这些保证。覆盖函数可以要求更少而提供更多，但绝不能要求更多而承诺更少，因为这将违反已向调用代码保证过的约定。

定义一个可能失败（比如抛出异常，见第 70 条）的派生覆盖函数，只是在基类没有声明操作总是成功的时候，这个定义才是正确的。例如，假定 Employee 提供了一个虚拟成员函数 GetBuilding，目的是返回 Employee 工作所在建筑的编码。如果要编写一个派生类 RemoteContractor，将 GetBuilding 覆盖为有时会抛出异常或者返回空的建筑编码，会怎么样呢？只有在 Employee 的文档明确地说明了 GetBuilding 可能失败而且 RemoteContractor 会以 Employee 文档所记载的方式报告失败时，这个覆盖才是有效的。

在覆盖的时候，永远不要修改默认参数。它们不是函数签名的一部分，客户代码将因为不知情而将不同参数传递给函数，具体要传递哪一个参数，将取决于它们具有层次结构中哪个节点的访问权限。考虑以下代码：

```
class Base {
  // ......
  virtual void Foo( int x = 0 );
};
class Derived : public Base {
  // ......
  virtual void Foo( int x = 1 );          // 糟糕的格式，会使人感到奇怪
};
```

```
Derived *pD = new Derived;
pD->Foo();                              // 调用  pD->Foo(1)

Base *pB = pD;
pB->Foo();                              // 调用  pB->Foo(0)
```

对于调用者而言，同一个对象的成员函数会不加提示地根据自己访问所使用的静态类型而接受不同参数，这可能是一件非常令人奇怪的事情。

在覆盖函数时，应该添加冗余的 virtual。这能够更清楚地向阅读代码的人表达自己的意图。

谨防不小心在基类中隐藏了重载函数。例如：

```
class Base{// ……
  virtual void Foo( int );
  virtual void Foo( int, int );
  void Foo( int, int, int );
};

class Derived : public Base { // ……
  virtual void Foo( int );         // 覆盖了  Base::Foo(int)，但是隐藏了其他的重载函数
};

Derived d;
d.Foo( 1 );                        // 正确
d.Foo( 1, 2 );                     // 错误（怎么回事？）
d.Foo( 1, 2, 3 );                  // 错误（怎么回事？）
```

如果基类的重载函数应该可见，那就写一条 using 声明语句，在派生类中重新声明：

```
class Derived : public Base { // ……
  virtual void Foo( int );         // 覆盖  Base::Foo(int)
  using Base::Foo;                 // 将其他  Base::Foo  重载函数引入作用域
};
```

## 示例

**例**　*Ostrich*（鸵鸟）。如果基类 Bird 定义了虚拟函数 Fly，而你又从 Bird 派生了一个新类 Ostrich（一种著名的不会飞的鸟），怎样实现 Ostrich::Fly 呢？回答是："要看具体情况。"因为飞行这个操作是 Bird 模型必不可少的部分，所以如果 Bird::Fly 能够保证成功（即提供不会失败的保证，见第 71 条），则 Ostrich 就不是该模型的合适实现。

## 参考文献

[Dewhurst03] §73-74, §78-79 • [Sutter00] §21 • [Keffer95] p.18

# 第 39 条
# 考虑将虚拟函数声明为非公用的，将公用函数声明为非虚拟的

## 摘要

在基类中进行修改代价高昂（尤其是库中和框架中的基类）：请将公用函数设为非虚拟的。应该将虚拟函数设为私有的，或者如果派生类需要调用基类版本，则设为保护的。（请注意，此建议不适用于析构函数；见第 50 条。）

## 讨论

我们大多数人都从痛苦的经历中学会了默认将类成员设为私有的，除非确实需要公开它们。这是很好的封装方法。这种方法最常见的是用于数据成员（见第 41 条），但同样也可以用于所有成员，包括虚拟函数。

在面向对象层次结构中进行修改尤其昂贵，所以应该实施完整的抽象：将公用函数设为非虚拟的，将虚拟函数设为私有的（或者设为保护的，如果派生类需要调用基类的话）。这就是所谓的非虚拟接口（NonVirtual Interface，NVI）模式。[NVI 与其他模式，特别是模板方法（Template Method）[Gamma95]很类似，但是动机和意图不同。]

公用虚拟函数本质上有两种不同而且互相竞争的职责，针对的是两种不同而且互相竞争的目标。

- 它指定了接口。作为公用函数，它是类向外界提供的接口的一部分。

- 它指定了实现细节。作为虚拟函数，它为派生类替换函数的基类实现（如果有的话）提供了一个钩子，它是一个自定义点。

因为这两种职责的动机和目标都不同，所以它们可能会（而且经常会）发生冲突，因而从定义上来讲一个函数无法很好地履行两种职责。公用虚拟函数本身有两种明显不同的职责和两种互相竞争的目标，这是没有很好地将问题关注点分离的标志（它本质上违反了第 5 条和第 11 条），也说明我们应该考虑采用其他方法了。

通过将公用函数与虚拟函数分离，可以获得如下明显的好处。

- 每个接口都能自然成形。将公用函数与自定义接口分离后，每个接口都能很容易地获得符合其自然需求的形式，而不用寻找折中方案，以使它们看上去相同。两个接口经常需

要不同数量的函数或不同的参数。例如，外部调用程序可能会调用一个公用 Process 函

数执行一个逻辑上的工作单元，而自定义程序可能更愿意只覆盖处理工作的某些部分，用独立可覆盖的虚拟函数（如 DoProcessPhase1、DoProcessPhase2）可以自然地建模，这样派生类就用不着覆盖所有的东西了。（值得提到的是，后一个例子与 Template Method 模式可以说是殊途同归。）

● 基类拥有控制权。基类现在完全控制着其接口和策略，可以实施接口的前后置条件（见第 14 条和第 68 条）、插入度量性代码（instrumentation），还可以在一个方便的可重用场所（非虚拟函数）中做任何类似的工作。因此，这种为了分离而进行的"预构"（prefactoring）能够促进良好的类设计。

● 基类能够健壮地适应变化。以后，我们可以随意改变构思、添加前后条件检查，或者将处理工作分成更多步骤，或者进行重构，或者用 Pimpl 惯用法（见第 43 条）实现更完整的接口与实现的分离，或者对基类的可自定义性进行其他修改，而不会影响到使用此类或者从此类继承的任何代码。请注意，若以 NVI 开始（即使公用函数只是虚拟函数的一行通道性代码），以后再添加检查或者度量就要容易得多，因为这样做不会破坏使用此类或者从此类继承的代码。但如果以公用虚拟函数开始，以后再分离就困难多了，因为这必然会破坏使用此类或者从此类继承的代码，具体情况还分别取决于是选择保持原函数为虚拟函数，还是公用函数。

另见第 54 条。

## 例外情况

NVI 对析构函数不适用，因为它们的执行顺序很特殊（见第 50 条）。

NVI 不直接支持调用者的协变返回类型。如果需要协变量对调用代码可见，而又不使用 dynamic_cast 向下强制（另见第 93 条），那么将虚拟函数设为公用的会更容易。

## 参考文献

[Allison98] §10 • [Dewhurst03] §72 • [Gamma95] • [Keffer95]pp.6-7 • [Koenig97] §11 • [Sutter00] §19, §23 • [Sutter04] §18

# 第❹⓿条
# 要避免提供隐式转换

## 摘要

并非所有的变化都是进步：隐式转换所带来的影响经常是弊大于利。在为自定义类型提供隐式转换之前，请三思而行，应该依赖的是显式转换（explicit 构造函数和命名转换函数）。

## 讨论

隐式转换有两个主要的问题。

- 它们会在最意料不到的地方抛出异常。
- 它们并不总是能与语言的其他元素有效地配合。

隐式转换构造函数（即能够用一个参数调用而且未声明为 explicit 的构造函数）与重载机制配合得很糟糕，而且会使不可见的临时对象到处出现。定义成 operator T（其中 T 是一个类型）形式的成员函数的转换也好不到哪里去——它们与隐式构造函数的配合很糟，而且会允许各种荒谬的代码通过编译。令人尴尬的是，这种例子比比皆是（见本条参考文献）。我们只能提及其中的两个（见示例）。

在 C++ 中，一个转换序列最多只能包含一个用户定义的转换。可是，如果这其中加入了内置转换，结果就会变得极为混乱。解决方案其实很简单。

- 默认时，为单参数构造函数加上 explicit（另见第 54 条）：
  ```
  class Widget { // ……
    explicit Widget( unsigned int widgetizationFactor );
    explicit Widget( const char* name, const Widget* other = 0 );
  };
  ```
- 使用提供转换的命名函数代替转换操作符：
  ```
  class String { // ……
    const char* as_char_pointer() const;        // 遵循 c_str 的伟大传统①
  };
  ```
另见第 54 条中 explicit 复制构造函数的讨论。

## 示例

例 1　重载。假设有一个能够隐式调用的 Widget::Widget( unsigned int)，以及一个为 Widget 和 double 重载的 Display 函数。考虑以下的重载解析奇异问题：

---

① c_str 函数是 C++标准库类型 std::string 的一个函数，与函数 data() 类似，但功能是将 string 对象的值以 C 风格字符串的形式（在最后加上一个 0 作为结束符）返回。其原型为 const char* string::c_str () const，所以作者有此一说。

——译者注

```
void Display( double );                    // 显示一个double
void Display( const Widget& );             // 显示一个Widget

Display( 5 );                              // 糟糕: 创建并显示了一个Widget
```

**例 2** 错误都变得可行了。假设为一个 String 类提供了 operator const char*:

```
class String {
  // ……
public:
  operator const char*();                  // 糟糕的形式
};
```

突然，许多愚蠢的表达式现在都能够编译了。假设 s1 和 s2 都是 String:

```
int x = s1 - s2;                           // 能够编译，未定义的行为
const char* p = s1 - 5;                    // 能够编译，未定义的行为
p = s1 + '0';                              // 能够编译，行为出乎意料
if( s1 == "0" ) { ...}                     // 能够编译，行为出乎意料
```

正是由于这个原因，标准的 string 很明智地避开了 operator const char*。

## 例外情况

只要谨慎地保守使用隐式转换，就可以编写出简洁直观的调用代码。标准 std::string 定义了一个参数类型为 const char* 的隐式构造函数。它工作良好，因为设计者已经采取了预防措施。

- 没有目标为 const char* 的自动转换，这种转换是通过两个命名函数 c_str() 和 data() 提供的。

- 对所有为 std::string 定义的比较操作符（如==, !=, <）都进行了重载，从而能够以任意顺序比较 const char* 和 std::string（见第 29 条）。这样就避免了创建隐藏的临时变量。

即使如此，重载函数仍然有些古怪:

```
void Display( int );
void Display( std::string );

Display( NULL );                           // 调用Display(int)
```

这一结果可能还是有些令人惊奇。（顺便说一句，如果调用的确实是 Display(std::string)，则代码将表现出未定义的行为，因为从空指针构造一个 std::string 是非法的，但是此处并没有要求构造函数检查指针是否为空。）

## 参考文献

[Dewhurst03] §36-37 • [Lakos96] §9.3.1 • [Meyers96] §5 • [Murray93] §2.4 • [Sutter00] §6, §20, §39

# 第❹①条
# 将数据成员设为私有的，无行为的聚集（C 语言形式的 struct）除外

## 摘要

它们不关调用者的事：将数据成员设为私有的。简单的 C 语言形式的 struct 类型只是将一组值聚集在了一起，并不封装或者提供行为，只有在这种 struct 类型中才可以将所有数据成员都设成公用的。要避免将公用数据和非公用数据混合在一起，因为这几乎总是设计混乱的标志。

## 讨论

信息隐藏是优秀软件工程的关键（见第 11 条）。应该将所有数据成员都设为私有的，不管是现在，还是可能发生变化的将来，私有数据都是类用来保持其不变式的最佳方式。

如果类要建模一个抽象，并因而必须维持不变式，那么使用公用数据就不好了。拥有公用数据意味着类的部分状态的变化可能是无法控制的、无法预测的、与其他状态异步发生的。这意味着抽象将与使用抽象的所有代码组成的无限集合共同承担维持一个或者更多不变式的职责，这是一种显而易见的、根本性的、不可原谅的缺陷。应该断然拒绝这种设计。

保护数据具有公用数据的所有缺点，因为拥有保护数据仍然意味着抽象将与代码的无限集合共同承担维持一个或者更多不变式的职责，只不过这里的集合是由当前的派生类和未来的派生类组成的。而且，通过派生一个新类，并用它来获取数据，任何代码都能够像公用数据那样容易地读取和修改保护数据。

在同一个类中混合使用公用和非公用数据成员既容易含混不清，又存在前后矛盾。私有数据表明具有不变式而且希望保持这种不变性，而将其与公用数据混合则意味着无法明确地判定这个类到底是不是要成为抽象。

非私有数据成员甚至还不如简单的通道性的 get/set 函数，后者起码还能进行健壮的版本处理。

请考虑使用 Pimpl 惯用法来隐藏类的私有成员（见第 43 条）。

## 示例

**例 1    正确封装。**大多数类（比如 Matrix、File、Date、BankAccount、Security 等）都应该拥有全部的私有数据成员，并公开适当的接口。如果允许调用代码直接操作内部数据，则会对它们所提供的抽象和必须维持的不变式直接产生消极的影响。

Node 聚集，比如 List 类的实现中经常使用的那种，通常都包含一些数据和两个指向 Node 的指针：next\_和 prev\_。不需要对 List 隐藏 Node 的成员。但是还要考虑示例 3 中的情形。

**例 2**　TreeNode。考虑一个使用 TreeNode<T>实现的容器 Tree<T>，TreeNode<T>是一个聚集，用于在 Tree 中保存前指针、后指针、双亲指针和一个作为有效载荷的 T 对象。TreeNode 的成员可以都是公用的，因为它们不需要对直接操作它们的 Tree 隐藏。但是 Tree 应该完全隐藏 TreeNode（比如作为私有的嵌套类，或者只在 Tree 的实现文件中定义），因为它是 Tree 的内部细节，调用者不应该依赖于它或者对它进行操作。最后，Tree 不隐藏所保存的 T 对象，因为有效载荷是调用者的职责。容器使用迭代器抽象公开了所保存的对象，同时又隐藏了内部结构。

**例 3**　获取函数和设置函数。如果没有更好的领域抽象可供选择，至少还可以将公用和保护数据成员（如 color）放在 get 和 set 函数的后面（比如 GetColor 和 SetColor），变为私有和隐藏的，这些函数提供了最小的抽象和健壮的版本管理机制。

使用函数可以将我们讨论 color 的层次从具体状态提升到抽象状态，从而能够很自由地按需要进行实现：可以在不破坏调用代码的前提下，改用内部的颜色编码表示而不再用 int，在改变颜色的时候添加代码以更新显示，添加检测代码，并进行其他改变。最坏的情况下，调用者也只需要重新编译（也就是说我们保持了源代码级的兼容性）；而在最好的情况下，调用者完全用不着重新编译或者重新连接（如果修改也保持了二进制兼容性）。如果最开始的设计中有公用 color 成员变量，调用代码将与之紧密耦合，那么无论源代码兼容还是二进制兼容在发生这类修改时都不可能得到。

## 例外情况

get/set 函数很有用，但是主要由 get/set 组成的类可能是一种设计不良的表现。遇到这种情况，应该决定一下，它是要提供抽象还是要成为一个 struct。

值的聚集（也称"C 语言形式的 struct"）只是将一组数据简单地放在了一起，但是并没有实际添加什么有效的行为或者要建模什么抽象并实施不变式，它们并不是想提供抽象。它们的数据成员应该都是公用的，因为数据成员本身就是接口。例如，标准容器使用 std::pair<T,U>将两个其他方面不相关的类型 T 和 U 的元素聚集在一起，而 pair 本身并不添加行为和不变式。

## 参考文献

[Dewhurst03] §80 • [Henricson97] pg. 105 • [Koenig97] §4 • [Lakos96] §2.2 • [Meyers97] §20 • [Murray93] §2.3 • [Stroustrup00] §10.2.8, §15.3.1.1, §24.4.2-3 • [SuttHysl04a]

# 第❷条
# 不要公开内部数据

## 摘要

不要过于自动自发：避免返回类所管理的内部数据的句柄，这样类的客户就不会不受控制地修改对象自己拥有的状态。

## 讨论

考虑下面的代码：

```
class Socket {
public:
  // ……打开handle_的构造函数，关闭handle_的析构函数，等等
  int GetHandle() const { return handle_; }     // 避免这样做
private:
  int handle_;                                  // 可能是一个操作系统的资源句柄
};
```

数据隐藏是一种强大的抽象方式，也是强大的模块化机制（见第 11 条和第 41 条）。但是隐藏数据却又暴露句柄的做法是一种自欺欺人，就像你锁上了自己家的门，却把钥匙留在了锁里。原因如下。

● 客户现在有两种方式实现其功能。可以使用你的类提供的抽象（Socket），也可以直接操作你的类所依赖的实现（套接字的 C 语言形式的句柄）。在后一种情况下，对象并不知道自己所拥有的资源已经发生了显著变化。现在类无法可靠地增加或者改善功能（比如代理、日志、统计数据收集）了，因为客户可以避开这些改善的、受控的实现——以及任何它认为后加的不变式，这样本来正确的错误处理就几乎不可能起作用了（见第 70 条）。

● 类不能改变其抽象的底层实现，因为客户将依赖于此。如果以后升级 Socket，用不同的低级操作原语支持不同的协议，则获取了底层 handle_且不能对其进行正确操作的调用代码就会不加警告地中断。

● 类无法实施其不变式，因为调用代码能够在类不知情的情况下改变状态。例如，有人会不通过某个 Socket 对象的成员函数，就关闭该对象正在使用的句柄，从而使该对象无效。

● 客户代码会存储类所返回的句柄，并且在类代码已经销毁句柄之后还试图使用它们。

一个常见的错误，就是忘记了 const 是浅的，不会通过指针传播（见第 15 条）。例如，Socket::GetHandle 是一个 const 成员；就编译器而言，返回 handle_就能够很好地保持常量性。

但是，使用 handle_的值对系统函数进行原始调用，肯定会改变 handle_间接引用的数据。

以下指针示例与此类似，虽然我们会看到，情况稍好一些，因为至少 const 返回类型能够减少意外的误用：

```
class String {
    char* buffer_;
public:
    char* GetBuffer() const { return buffer_; }   // 糟糕：应该返回const char*
    // ……
};
```

从技术上来讲，即使 GetBuffer 是 const 的，这段代码也是合法且有效的。显然，客户可以使用这个 GetBuffer，以很多种方式改变 String 对象，不需要显式的强制转换，因此很碰巧，像 strcpy(s.GetBuffer(), "Very Long String...") 这样的代码也是合法的了。实践中，我们测试过的所有编译器都能够不加警告地成功编译。对于这种误用，采用返回 const char*而不是从这个成员函数返回，至少能够引发编译时错误，从而使其无法碰巧发生。这种调用代码必须编写一个显式的强制转换（见第 92 条至第 95 条）。

甚至返回指向 const 的指针也不能消除所有偶然的误用，因为暴露对象内部数据所带来的另一个问题与内部数据的有效性有关。在上面的 String 例子里，调用代码可以存储 GetBuffer 返回的指针，然后执行操作使 String 扩大（并移动）其缓冲区，最后（而且是灾难性地）试图使用已存储但现在已经无效的悬挂指针指向不再存在的缓冲区。因此，如果确实有充分理由放弃这种内部状态，必须详细记录返回值多长时间内有效，什么操作将使其无效（可以将此与标准库的显式迭代器有效性保证进行比较，参阅[C++03]）。

## 例外情况

有时由于兼容的原因，比如与遗留代码或者其他系统进行接口，类必须提供访问其内部句柄的方式。例如，std::basic_string 通过成员函数 data 和 c_str 提供了访问其内部句柄的方式，以兼容要接受 C 语言形式指针为参数的函数——但应该不会存储指针或者通过它们写入数据！这种后门访问函数很讨厌但又无法避免，应该小心并尽可能少地使用，而且，必须在文档中仔细记载什么情况下句柄仍然有效。

## 参考文献

[C++03] §23 • [Dewhurst03] §80 • [Meyers97] #29 • [Saks99] • [Stroustrup00] §7.3 • [Sutter02] §9

# 第43条
# 明智地使用 Pimpl

## 摘要

抑制语言的分离欲望：C++将私有成员指定为不可访问的，但并没有指定为不可见的。虽然这样自有其好处，但是可以考虑通过 Pimpl 惯用法使私有成员真正不可见，从而实现编译器防火墙，并提高信息隐藏度（见第 11 条和第 41 条）。

## 讨论

如果创建"编译器防火墙"将调用代码与类的私有部分完全隔离是明智的，就应该使用 Pimpl 惯用法：将私有部分隐藏在一个不透明的指针（即指向已经声明但是尚未定义的类的指针，最好是选择合适的智能指针）后面。例如：

```
class Map {
  // ……
private:
  struct   Impl;
  shared_ptr<Impl> pimpl_;
};
```

应该用 Pimpl 来存储所有的私有成员，包括成员数据和私有成员函数。这使我们能够随意改变类的私有实现细节，而不用重新编译调用代码——独立和自由正是这个惯用法的标记性特点。（见第 41 条。）

请注意：一定要如上所示使用两个声明来声明 Pimpl。将两行合并成一条语句，在一句中前置声明类型和指针，即采用 struct Impl* pimpl;这种形式的，也是合法的，但是意义就不同了，此时 Impl 处于外围名字空间中，而不是类中的嵌套类型。

使用 Pimpl 的理由至少有三个，而且它们都源自 C++语言可访问性（是否能够调用或者使用某种东西）和可见性（是否能看到它从而依赖它的定义）之间的差异。另外，类的所有私有成员在成员函数和友元之外是不可访问的，但是对整个世界，所有看得到类定义的代码而言，都是可见的。

这种差异的第一个后果，就是潜在更长的构建时间，因为需要处理不必要的类型定义。对于通过值保存的私有数据成员以及通过值接受的或者用于可见函数实现的私有成员函数中的参数，必须定义它们的类型，即使在此编译单元中根本不需要。这会导致更长的构建时间。例如：

```
class C {
 // ……
private:
  AComplicatedType act_;
};
```

含有类 C 定义的头文件必须包含含有 AComplicatedType 定义的头文件，后者继而又要传递性地包含 AComplicatedType 可能需要的所有头文件，依此类推。如果头文件数量很大，编译时间将受到显著影响。

第二个后果是会给试图调用函数的代码带来二义性和名字隐藏。即使私有成员函数不能从类外及其友元调用，它们也会参加名字查找和重载解析，因此会使调用无效或者存在二义性。C++ 在可访问性检查之前执行名字查找，然后重载解析。这是可见性具有优先级的原因：

```
int Twice( int );              // 1

class Calc {
public:
  string Twice( string );      // 2

private:
  char* Twice( char* );        // 3

  int Test() {
    return Twice( 21 );        // A: 错误，2 和 3 是无法独立存在的（1 可以独立存在，
  }                            // 但是不能考虑，因为它是隐藏的）
};

Calc c;
c.Twice( "Hello" );            // B: 错误，3 不可访问（2 没有问题，但是
                               // 不能考虑，因为 3 是更好的匹配）
```

在 A 行，解决的办法是显式限定调用，即::Twice( 21 )，以强制名字查找来选择全局函数。在 B 行，解决的办法是添加一个显式强制转换，即 c.Twice( string("Hello") )，以重载解析来选择需要的函数。这些调用问题中，有些是可以用 Pimpl 惯用法以外的办法解决的，例如，永远不写成员函数的私有重载，但是并非所有 Pimpl 能解决的问题都能有这样的替代方案。

第三个后果是对错误处理和错误安全的影响。考虑 Tom Cargill 的 Widget 示例：

```
class Widget {// ......
public:
  Widget& operator=( const Widget& );

private:
  T1 t1_;
  T2 t2_;
};
```

简而言之，如果 T1 或者 T2 操作的是不可逆的方式失败（见第 71 条），我们就无法编写 operator-来提供强大的保证，以至所需的最少（基本）保证。好在以下的简单转换总是能够为防错赋值提供最基本的保证，而且只要所需的 T1 和 T2 操作（值得注意的有构造和析构）没有副作用，通常还能够提供较强的保证：通过指针而不是值来保存成员对象，将它们都放在一个 Pimpl 指针之后更好。

```
class Widget {// ......
public:
  Widget& operator=( const Widget& );

private:
  struct Impl;
  shared_ptr<Impl> pimpl_;
};

Widget& Widget::operator=( const Widget& ) {
  shared_ptr<Impl> temp( new Impl( /*...*/ ) );
  // 改变 temp->t1_ 和 temp->t2_; 如果失败就抛出异常，否则这样提交:
  pimpl_ = temp;
  return *this;
}
```

## 例外情况

只有在弄清楚了增加间接层次确实有好处之后，才能添加复杂性，Pimpl 也是一样。（见第 6 条和第 8 条。）

## 参考文献

[Coplien92] §5.5 • [Dewhurst03] §8 • [Lakos96] §6.4.2 • [Meyers97] §34 • [Murray93] §3.3 • [Stroustrup94] §2.10, §24.4.2 • [Sutter00] §23, §26-30 • [Sutter02] §18, §22 • [Sutter04] §16-17

# 第 44 条
# 优先编写非成员非友元函数

## 摘要

要避免交成员费：尽可能将函数指定为非成员非友元函数。

## 讨论

非成员非友元函数通过尽量减少依赖提高了封装性：函数体不能依赖于类的非公用成员（见第 11 条）。它们还能够分离巨类，释放可分离的功能，进一步减少耦合（见第 33 条）。它们能够提高通用性，因为在不知道一个操作是否为某个给定类型的成员的情况下，很难编写模板（见第 67 条）。

使用这个算法确定函数是否应该是成员和友元：

*// 如果别无选择，就无需选择了；如果必需，就指定为成员：*
If函数是操作符 =, ->, [], 或者 () 之一，则必须是成员：
　　*将其指定为成员。*

*// 如果可能是非成员非友元函数，或者设为非成员友元函数有好处，那就照办：*
Else if: a) 函数需要与其参数不同的类型（例如操作符 >> 或者 <<），或者 b) 需要对其最左参数进行强制转换，或者 c) 能够用类的公用接口单独实现：
　　*将其指定为非成员函数（如果情况a) 和 b) 需要，可以将其指定为非成员友元函数）。*
　　*如果需要虚拟行为：*
　　　　*添加虚拟成员函数以提供虚拟行为，并通过它实现非成员函数。*
Else: *将其指定为成员函数。*

## 示例

**例**　basic_string。标准 basic_string 是一个多余的巨类，有 103 个成员函数，其中有 71 个都可以编写成非成员非友元函数，而且不会影响效率。其中许多函数的功能在标准算法中都已经有了，而有些函数本身就应该成为算法，如果不被埋没在 basic_string 内，它们会有更加广泛的应用（见第 5 条和第 32 条，见[Sutter04]）。

## 参考文献

[Lakos96] §3.6.1, §9.1.2 • [McConnell93] §5.1-4 • [Murray93] §2.6 • [Meyers00] • [Stroustrup00] §10.3.2, §11.3.2, §11.3.5, §11.5.2, §21.2.3.1 • [Sutter00] §20 • [Sutter04] §37-40

# 第❹❺条
# 总是一起提供 new 和 delete

## 摘要

它们是一揽子交易：每个类专门的重载 void* operator new(*parms*)都必须与对应的重载 void operator delete(void*, *parms*)相随相伴，其中 *parms* 是额外参数类型的一个列表（第一个总是 std::size_t）。数组形式的 new[]和 delete[]也同样如此。

## 讨论

很少需要提供自定义的 new 或者 delete，但是如果需要其中一个，那么通常两个都需要。如果定义了类专门的 T::operator new 进行某种特殊的分配操作，很可能还需要定义一个类专门的 T::operator delete 进行相应的释放操作。

这些阐述可能有些过于基础了，但是之所以要加入本条款，有一个更加微妙的原因：编译器可能需要 T::operator delete 的重载，即使实际上从来也不会调用它。这才是为什么要成对提供 operator new 和 operator delete（以及 operator new[]和 operator delete[]）的原因。

假设定义了一个带有自定义分配操作的类：

```
class T {
    // ……

    static void* operator new(std::size_t);
    static void* operator new(std::size_t, CustomAllocator&);

    static void operator delete(void*, std::size_t);
};
```

这样就为分配和释放建立了一个简单的协议。

- 调用者能够用默认的分配器（使用 new T）或者自定义的分配器（使用 new(alloc) T，其中 alloc 是一个 CustomAllocator 类型的对象）来分配类型 T 的对象。

- 惟一调用者可能调用的 operator delete 是默认的 operator delete(size_t)，因此当然应该实现，从而能够正确地释放已分配的内存。

到目前为止，一切正常。

但是，编译器仍然需要秘密地调用另一个 delete 重载，即 T::operator delete(size_t, CustomAllocator&)。这是因为语句

```
    T* p = new(alloc) T;
```
实际上将扩展为类似于下面的代码：
```
    // 编译器为  T* p = new(alloc) T;  生成的代码
    //
    void* __compilerTemp = T::operator new(sizeof(T), alloc);
    T* p;
    try {
       p = new (__compilerTemp) T;        // 在地址 __compilerTemp 构造一个T
    }
    catch(...) {                          // 构造函数失败，请注意这里……
       T::operator delete(__compilerTemp, sizeof(T), alloc);
       throw;
    }
```

因此，如果分配成功，但是构造函数失败了，那么编译器将顺理成章地自动插入代码，为重载的 T::operator new 调用对应的 T::operator delete。"对应的"签名是 void operator delete(void*, *whatever-parameters-new-takes*)。

下面是煞风景的部分了。C++ Standard（在[C++03] §5.3.4(17)）规定，当且仅当 operator delete 的重载实际退出时，以上代码才能生成。否则，在构造函数失败的情况下，代码不会调用任何 operator delete。也就是说，如果构造函数失败，内存将泄漏。本书撰写时测试的 6 种流行编译器中，只有两种在此情况下发出了警告。

正因如此，重载 void* operator new(*parms*) 必须伴有与其对应的重载 void operator delete (void*, *parms*)——因为编译器自己要调用它们。

## 例外情况

operator new 的就地（in-place）形式：
```
    void* T::operator new(size_t, void* p) { return p; }
```
并不需要对应的 operator delete，因为没有进行真正的分配。我们测试过的所有编译器对 void T::operator delete(void*, size_t, void*)都不会发出警告。

## 参考文献

[C++03] §5.3.4 • [Stroustrup00] §6.2.6.2, §15.6 • [Sutter00] §36

# 第❹⑥条
# 如果提供类专门的 new，应该提供所有标准形式（普通、就地和不抛出）

## 摘要

不要隐藏好的 new[①]：如果类定义了 operator new 的重载，则应该提供 operator new 所有三种形式——普通（plain）、就地（in-place）和不抛出（nothrow）[②]的重载。不然，类的用户就无法看到和使用它们。

## 讨论

很少需要提供自定义的 new 或者 delete，但是如果确实需要，通常也不想隐藏内置的签名。

C++ 中，在某个作用域（比如一个类作用域）里定义了一个名字之后，就会隐藏所有外围作用域中（如，在基类或者外围名字空间）同样的名字，而且永远不会发生跨作用域的重载。当上述的名字是 operator new 时，需要特别小心，以免对类的客户产生不良影响。

假设我们定义了一个类专门的 operator new：

```
class C {
  // ……
  static void* operator new(size_t, MemoryPool&); // 隐藏三种常规形式
};
```

然后，如果有人试图编写一个和普通旧式 new C 一样无趣的表达式，编译器会拒绝对其进行编译，其根据是无法找到普通旧式的 operator new。声明接受一个 MemoryPool 为参数的 C::operator new 重载，将隐藏所有其他重载，包括我们都熟知而且爱用的内置全局版本，也就是：

```
void* operator new(std::size_t);                      // 普通 new
void* operator new(std::size_t, std::nothrow_t) throw();   // 不抛出 new
void* operator new(std::size_t, void*);               // 就地 new
```

或者，类也可能为以上三种 operator new 之一提供自己专用的版本。在此情况下，如果声明了其中之一，默认时类将屏蔽其他两个：

```
class C {
  // ……
  static void* operator new(size_t, void*); // 隐藏其他两种常规形式
};
```

---

[①] 原文为 Don't hide good **new**s，一语双关，另有"不要隐藏好消息"的意思，中文无法体现。——译者注

[②] 所谓就地 new 就是指在已有内存地址构造对象，不另分配空间。不抛出 new 有一个额外的参数 std::nothrow_t，可以失败但不抛出异常。详情可以参见 Herb Sutter 的文章"To New, Perchance To Throw"，可以在 http://www.gotw.ca/publications/mill15.htm 找到。——译者注

应该让类 C 在作用域中显式地声明 operator new 的所有三种标准变体。通常，所有三种形式都有相同的可见性。（各个形式还可以将可见性设为 private，比如要显式地禁用普通或者不抛出 operator new，但是本条款的目的是提醒读者记住不要因为疏忽而隐藏它们。）

请注意，应该总是避免隐藏就地 new，因为它在 STL 容器中有广泛的使用。

最后一个技巧是：在两种不同的环境下，公开已隐藏的 operator new 需要采用两种不同的方式。如果类的基类也定义了 operator new，那么要公开 operator new 所需做的就是：

```
class C : public B { // ……
public:
  using B::operator new;
};
```

否则，如果没有基类版本或者基类没有定义 operator new，就需要写一些短小的转送函数（因为无法通过 using 从全局名字空间中导入名字）：

```
class C { // ……
public:
 static void* operator new(std::size_t s) {
   return ::operator new(s);
 }
 static void* operator new(std::size_t s, std::nothrow_t nt) throw() {
   return ::operator new(s, nt);
 }
 static void* operator new(std::size_t s, void* p) {
   return ::operator new(s, p);
 }
};
```

上面的建议也适用于数组形式的 operator new[]和 operator delete[]。

避免在客户代码中调用 new (nothrow)版本，但是仍然要为客户提供，以免客户一旦要用到时感到奇怪。

## 参考文献

[Dewhurst03] §60 • [Sutter04] §22-23

# 构造、析构与复制

---

标准可能置你于悬崖之畔，
但你大可不必仅仅因此就跳下去。

——Norman Diamond

关于 4 大特殊成员函数可以讲的东西非常多，因此专门为它们设立一个部分并不奇怪。在本部分中我们收集了与默认构造、复制构造、复制赋值和析构有关的知识和最佳实践。

使用这些函数之所以需要小心，其中一个原因是几乎一半的情况下编译器都会为我们生成代码。另一个原因是，C++ 默认时总是将类当作类似于值的类型，但是实际上并非所有的类型都类似于值（见第 32 条）。知道何时应该显式地编写（或者禁止）这些特殊成员函数，并遵循本部分中的规则和准则来编写，将有助于确保代码的正确性、可扩展性和防错性。

本部分中我们选出的最有价值条款是第 51 条：析构函数、释放和交换绝对不能失败。

# 第47条
# 以同样的顺序定义和初始化成员变量

## 摘要

与编译器一致：成员变量初始化的顺序要与类定义中声明的顺序始终保持一致，不用考虑构造函数初始化列表中编写的顺序。要确保构造函数代码不会导致混淆地指定不同的顺序。

## 讨论

考虑以下代码：

```
class Employee {
  string email_, firstName_, lastName_;

public:
  Employee( const char* firstName, const char* lastName )
    : firstName_(firstName), lastName_(lastName)
    , email_(firstName_ + "." + lastName_ + "@acme.com") {}
};
```

这段代码隐藏着一个错误，危害性很大，而且很难发现。因为类定义中 email_是在 first_和 last_之前被声明的，它将首先被初始化，然后试图使用其他未初始化的字段。更糟糕的是，如果构造函数的定义位于另一个文件夹，成员变量声明的顺序对构造函数的正确性的远距离影响就更难确定了。

C++ 语言之所以采取这样的设计，是因为要确保销毁成员的顺序是惟一的；否则，析构函数将以不同顺序销毁对象，具体顺序取决于构造对象的构造函数。为此带来的底层操作开销应该是不可接受的。

解决方案是，总是按成员声明的顺序编写成员初始化语句。这样，任何非法依赖都会显而易见。当然，尽量不让一个成员的初始化依赖于其他成员更好。

许多编译器（但不是所有）在我们违反了此条规则时会发出警告。

## 参考文献

[Cline99] §22.03-11 • [Dewhurst03] §52-53 • [Koenig97] §4 • [Lakos96] §10.3.5 • [Meyers97] §13 • [Murray93] §2.1.3 • [Sutter00] §47

# 第48条
# 在构造函数中用初始化代替赋值

## 摘要

设置一次，到处使用[①]：在构造函数中，使用初始化代替赋值来设置成员变量，能够防止发生不必要的运行时操作，而输入代码的工作量则保持不变。

## 讨论

构造函数会在系统内部生成初始化代码。考虑如下代码：

```
class A {
    string s1_, s2_;
public:
    A() {s1_ = "Hello, "; s2_ = "world"; }
};
```

实际上，生成的构造函数代码将类似于：

```
A() : s1_(), s2_() {s1_ = "Hello, "; s2_ = "world"; }
```

也就是说，并未显式初始化的对象将使用其默认构造函数自动初始化，然后使用赋值操作符进行赋值。非简单（nontrivial）对象的赋值操作符所做的比构造函数还稍微多一些，因为它要处理已经构造了的对象。

有话直说最好：在初始化列表中初始化成员变量，代码表达意图更加明确，而且锦上添花的是，代码通常还会更小、更快。

```
A() : s1_("Hello, "), s2_("world") {}
```

这可不是不成熟的优化，这是在避免不成熟的劣化（见第 9 条）。

## 例外情况

应该总是在构造函数体内而不是初始化列表中执行非托管资源获取，比如并不立即将结果传递给智能指针构造函数的 new 表达式（参阅 [Sutter02]）。当然，最好是一开始就没有这种不安全的无属主资源（见第 13 条）。

## 参考文献

[Dewhurst03] §51, §59 • [Keffer95] pp.13-14 • [Meyers97] §12 • [Murray93] §2.1.31 • [Sutter00] §8, §47 • [Sutter02] §18

---

① 此处套用了 Java 的著名广告语 "编写一次，到处运行"。——译者注

# 第❹❾条
# 避免在构造函数和析构函数中调用虚拟函数

## 摘要

虚拟函数仅仅"几乎"总是表现得虚拟[1]：在构造函数和析构函数中，它们并不虚拟。更糟糕的是，从构造函数或析构函数直接或者间接调用未实现的纯虚拟函数，会导致未定义的行为。如果设计方案希望从基类构造函数或者析构函数虚拟分派到派生类，那么需要采用其他技术，比如后构造函数（post-constructor）。

## 讨论

在 C++中，一个基类一次只构造一个完整的对象。

假设我们有一个基类 B 和一个 B 的派生类 D。构造 D 对象，执行 B 的构造函数时，所构造的对象的动态类型是 B。也就是说，对虚拟函数 B::Fun 的调用将采用 B 中的 Fun 定义，无论 D 是否改写了它；这是一件好事，因为在 D 对象的成员还没有被初始化时就调用 D 的成员函数会产生混乱。只有在 B 的构造完成之后，才执行 D 的构造函数体，而 D 的标识才算建立。作为一条经验规则，请记住，在 B 的构造期间，没有办法说清到底 B 是一个独立对象还是其他派生对象的基类部分。虚拟行为的虚拟函数总是这样的。

从构造函数调用还完全没有定义的纯虚拟函数将是给伤口撒盐，这种情况下的行为是未定义的。这样的代码不仅会令人糊涂，而且维护时也会显得更加脆弱。

另一方面，有些设计方案需要"后构造"，即必须在构造了完整的对象之后立刻调用虚拟函数。参考文献中给出了许多后构造的实现技术。下面列出其中的一部分选项列表。

- 推卸责任。在文档中说明用户代码必须在构造了对象之后立刻调用后初始化（post-initialization）函数。

- 迟缓后初始化。在第一次成员函数调用时进行后初始化。基类中有一个布尔标志说明是否已经发生了后构造。

- 使用虚拟基类语义。语言规则要求构造函数最底层的派生类决定调用哪个基类构造函数，使用这个语言规则会对我们有利（见[Taligent94]）。

- 使用工厂函数。通过这种方式可以很容易地强制调用后构造函数（见本条示例）。

---

[1] 此句原文为 Virtual function only "virtually" always behave virtually。其中两个 virtually 词形一致而意义不同，中文无法体现。——译者注

没有哪一种后构造技术是完美的。最差的技术是仅仅通过要求调用者手工调用后构造函数来绕开整个问题。即使最好的技术也要求构造对象采取不同的语法（编译时很容易检查）和派生类作者的合作（这不可能在编译时检查）。

## 示例

**例**　使用工厂函数插入后构造函数调用。考虑如下代码：

```
class B {                              // 层次结构的根
protected:
  B() {/* ... */ }
  virtual void PostInitialize() {/* ... */ }   // 在构造之后立刻调用
public:
  template<class T>
  static shared_ptr<T> Create() {      // 用于创建对象的接口
    shared_ptr<T> p( new T );
    p->PostInitialize();
    return p;
  }
};
class D : public B {/* ... */ };       // 某个派生类
shared_ptr<D> p = D::Create<D>();      // 创建一个D对象
```

这个非常脆弱的设计展现了如下折中。

- 派生类比如 D 决不能公开公用构造函数。否则，D 的用户无需调用 PostInitialize 就能够创建 D 对象。

- 分配局限于 operator new。但是 B 可以覆盖 new（见第 45 条和第 46 条）。

- D 必须定义一个与 B 选择的参数相同的构造函数。但是定义几个 Create 的重载能够缓解这一问题，甚至可以根据参数类型将重载模板化。

- 如果能够满足以上的需求，设计就可以保证任何完整构造的 B 派生对象都调用了 PostInitialize。此时就不需要虚拟 PostInitialize 了，但是它可以自由地调用虚拟函数。

## 参考文献

[Alexandrescu01] §3 • [Boost] • [Dewhurst03] §75 • [Meyers97] §46 • [Stroustrup00] §15.4.3 • [Taligent94]

# 第❺⓪条
# 将基类析构函数设为公用且虚拟的，或者保护且非虚拟的

## 摘要

删除，还是不删除，这是个问题：如果允许通过指向基类 Base 的指针执行删除操作，则 Base 的析构函数必须是公用且虚拟的。否则，就应该是保护且非虚拟的。

## 讨论

这条简单的准则说明了一个微妙的问题，而且反映了继承和面向对象设计原理的现代应用。

对于一个基类 Base，调用代码可能试图通过 Base 的指针删除（delete）派生对象。如果 Base 的析构函数是公用且非虚拟的（默认情况），它有可能偶然地通过实际上指向派生对象的指针调用，这种情况下尝试删除的行为是未定义的。这一事实使较老的编程规范制定了一条全面性的要求：所有基类析构函数都必须是虚拟的。这显然有些过分了（虽然很常见）；相反，规则应该定为，当且仅当基类析构函数是公用的，才将其设为虚拟的。

编写一个基类，就是定义一个抽象（见第 35 条到第 37 条）。回忆一下，对于参与抽象的每个成员函数，都需要决定：

- 是否应该行为虚拟；

- 是应该对所有使用了 Base 指针的调用者都公用，还是应该隐藏内部实现细节。

正如第 39 条中所述，对于常规的成员函数，要么允许通过 Base*非虚拟地调用（但是如果调用的是虚拟函数，还可能要虚拟地调用，比如在 NVI 或者 Template Method 模式中的情况），要么完全不允许。NVI 模式是避免了公用虚拟函数的技术。

析构可以看成是另一个操作，虽然它的特殊语义会使非虚拟调用变得很危险，或者很容易出错。对于基类析构函数，要么允许通过 Base*虚拟地调用，要么完全不允许；不能选择"非虚拟地"（调用）。因此，基类析构函数如果能够被调用（即是公用的），那么它就是虚拟的，否则就是非虚拟的。

请注意 NVI 模式不适用于析构函数，因为构造函数和析构函数不能进行深虚拟调用。（见第 39 条和第 55 条。）

结论：总是为基类编写析构函数，因为隐含生成的析构函数是公用且非虚拟的。

## 示例

客户要么能够使用 Base 的指针多态地删除，要么就不能。这两种选择都隐含着特定的设计。

- **例 1**　含有多态删除的基类。如果允许多态删除，则析构函数必须是公用的（否则调用代码就无法调用它），而且必须是虚拟的（否则调用它就会导致未定义行为）。
- **例 2**　不含多态删除的基类。如果不允许多态删除，则析构函数必须是非公用的（这样调用代码就不能调用它），而且应该是非虚拟的（因为不需要是虚拟的）。

策略类经常被用作基类，是出于方便考虑的，而不是出于多态行为考虑的。建议将它们的析构函数设为保护且非虚拟的。

## 例外情况

有些组件架构（比如，COM 和 CORBA）没有使用标准的删除机制，而是重新编写了各种不同的对象清除协议。请遵循架构本身的模式和惯用法，并相应地调整本条款中的准则。

另外再考虑一个罕见的情况。

- B 既是一个基类又是一个可以被自身实例化的具体类（因此要创建和销毁的 B 对象的析构函数必须是公用的）。
- B 既没有虚拟函数也不想被多态地使用（因此虽然析构函数是公用的，但不必是虚拟的）。

因此，即使析构函数必须是公用的，可能也有很大的压力要求不将其设为虚拟的，因为作为第一个虚拟函数，如果添加了根本就不需要的功能，将带来所有运行时的类型开销。

在这个罕见的例子中，可以将析构函数设为公用且非虚拟的，但是要在文档中明确地说明：进一步派生的对象要和 B 一样，不能被多态地使用。这正是 std::unary_function 的做法。

但是，一般而言，要避免使用具体基类（见第 35 条）。例如，unary_function 就是一组根本不需要单独实例化的类型定义。给它一个公用析构函数其实毫无意义；更好的设计应该遵循本条款的建议，给它一个保护的非虚拟析构函数。

## 参考文献

[Cargill92] pp.77-79, 207 • [Cline99] §21.06, 21.12-13 • [Henricson97] pp.110-114 • [Koenig97] Chapter 4, Chapter 11 • [Meyers97] §14 • [Stroustrup00] §12.4.2 • [Sutter02] §27 • [Sutter04] §18

# 第51条
# 析构函数、释放和交换绝对不能失败

## 摘要

它们的一切尝试都必须成功：决不允许析构函数、资源释放（deallocation）函数（如 operator delete）或者交换函数报告错误。说得更具体一些，就是绝对不允许将那些析构函数可能会抛出异常的类型用于 C++标准库。

## 讨论

这些关键函数绝对不能失败，因为它们是事务编程中两个关键操作所必需的：在处理过程中，遇到问题时撤销操作，没有问题出现时提交任务。如果无法使用不会失败的操作安全地撤销，那么就无法实现不会失败的回滚。如果无法使用不会失败的操作（最显著的当然是交换，但是并不局限与此）安全地提交状态改变，那么就无法实现不会失败的提交。

思考 C++ 标准中的如下建议和要求：

如果在栈展开期间所调用的析构函数发生异常而退出，将调用 terminate (15.5.1)。因此，析构函数应该总是能够捕获异常，并且不会让异常传播到析构函数之外。——[C++03] §15.2(3)

C++ 标准库中定义的析构函数操作[包括用来实例化标准库模板的任何类型的析构函数]都不会抛出异常。——[C++03] §17.4.4.8(3)

析构函数很特殊，编译器可以在不同的上下文中自动调用它们。我们编写一个类，就称之为 Nefarious 吧，如果它的析构函数有可能会失败的话（通常提供抛出异常，见第 72 条），那么会导致下列后果。

- Nefarious 对象很难安全地用在普通函数中。如果某个作用域有可能通过异常退出的话，那么就无法可靠地在该作用域中实例化自动的 Nefarious 对象。如果真的如此，Nefarious 的析构函数（会被自动调用）也可能会尝试抛出异常，这将导致整个程序立即退出（通过 std::terminate）。（另见第 75 条。）

- 含有 Nefarious 成员或者以 Nefarious 为基类的类也将很难安全地使用。Nefarious 的糟糕行为将扩展到以其为成员或者基类的任何类。

- 无法可靠地创建全局或者静态 Nefarious 对象。无法捕获它的析构函数有可能会抛出的任何异常。

- 无法可靠地创建 Nefarious 数组。简而言之，在存在可能抛出异常的析构函数时，数组的行为是未定义的，因为无法设计任何合理的回滚行为。（只需稍加思考就能知道其中就里：编译器该为构造 10 个 Nefarious 对象组成的数组生成什么样的代码呢？如果其中第 4 个对象的构造函数抛出异常，那么代码就必须放弃，并以其清除模式尝试调用已经构造完成的对象的析构函数……而如果这些析构函数中的一个或者多个也抛出异常的话，又该怎么办呢？根本没有符合要求的解决方案。）

- 无法将 Nefarious 对象用在标准容器中。无法在标准容器中存储 Nefarious 对象，或者将它们用于标准库的任何其他组件。标准库禁止所有与它一起使用的析构函数抛出异常。

释放函数，包括特殊一些的重载 operator delete 和 operator delete[]，都属于同一范畴，因为它们通常也被用于清除期间，尤其是异常处理期间，来撤销需要取消的部分工作。

除了析构函数和释放函数之外，常见的错误安全技术还依赖于这种情况下的交换操作从来都不会失败，这不是因为它们要实现有保证的回滚，而是因为要实现有保证的提交。举一个例子，下面采用常用的方式为类型 T 实现了一个 operator=，类型 T 执行了复制构造，其后是一个不会失败的 Swap 调用：

```
T& T::operator=( const T& other ) {
  T temp( other );
  Swap( temp );
}
```

（另见第 56 条。）

幸运的是，在释放资源时，失败的作用域肯定会更小。如果使用了异常作为错误报告机制，请确保这些函数能够处理其内部处理可能生成的所有异常和其他错误。（对于异常而言，只需要将析构函数所做的一切敏感操作都包装在一个 try/catch(...)块中即可。）这非常重要，因为析构函数可能会在危急情况下被调用，比如分配系统资源（比如，内存、文件、锁、端口、窗口或者其他系统对象）失败。

当使用异常作为错误处理机制时，建议用一个注释掉的空异常规范/* throw() */来声明这些函数，通过这种方式说明这一行为（见第 75 条）。

## 参考文献

[C++03] §15.2(3), §17.4.4.8(3) • [Meyers96] §11 • [Stroustrup00] §14.4.7, §E.2-4 • [Sutter00] §8, §16 • [Sutter02] §18-19

# 第52条
# 一致地进行复制和销毁

## 摘要

既要创建，也要清除：如果定义了复制构造函数、复制赋值操作符或者析构函数中的任何一个，那么可能也需要定义另一个或者另外两个。

## 讨论

如果需要定义这三个函数中的任何一个，就意味着我们需要函数默认行为之外的功能，而这三个函数是不对称相关的。为什么会这样呢？

- 如果编写或者禁用了复制构造函数或者复制赋值操作符，那么可能需要对另一个也如法炮制。如果有一个要做一些"特殊的"工作，那么可能另一个也应该如此，因为这两个函数应该具有类似的效果。（见第 53 条，该条款专门展开阐述了这一点。）
- 如果显式地编写了复制函数，那么可能也需要编写析构函数。如果在复制构造函数中所做的"特殊"工作是分配或者复制某些资源（比如，内存、文件、套接字等等），那么应该在析构函数中予以释放。
- 如果显式地编写了析构函数,那么可能也需要编写或者禁止复制。如果必须编写一个特殊的（nontrivial）析构函数，那么经常是因为需要手工释放对象持有的资源。如果真的如此，那么很可能那些资源需要小心复制，然后需要留意复制和赋值对象的方式，或者完全禁止复制。

在许多情况下，如果能通过 RAII "拥有" 对象的方式正确地持有封装起来的资源，我们就没有必要自己编写这些操作了（见第 13 条）。

要优先使用编译器所生成的特殊成员，只有它们能够归类为"普通的（trivial）"，而且至少已经有一个主要的 STL 开发商已经为含有"普通的"特殊成员的类进行了大幅优化。这很可能会成为普遍的实践。

## 例外情况

如果声明这三个特殊函数之一，只是为了将它们设为私有的或者虚拟的，而没有什么特殊语义的话，那么就意味着不需要其余两个函数。

在某些比较罕见的情况下，拥有一些奇怪类型（比如，引用，std::auto_ptr）成员的类是本条款的例外，因为它们的复制语义很奇特。在一个包含引用或者 auto_ptr 的类中，可能还需要编写复制构造函数和赋值操作符，但是默认析构函数已经能够正确工作了。（请注意使用引用或者 auto_ptr 成员几乎总是错误的。）

## 参考文献

[Cline99] §30.01-14 • [Koenig97] §4 • [Stroustrup00] §5.5, §10.4 • [SuttHysl04b]

# 第❺❸条
# 显式地启用或者禁止复制

## 摘要

清醒地进行复制：在下述三种行为之间谨慎选择——使用编译器生成的复制构造函数和赋值操作符；编写自己的版本；如果不应允许复制的话，显式地禁用前两者。

## 讨论

有一个常见的错误（而且不只在初学者中会出现），就是在定义类的时候忘记了考虑复制和赋值语义。一些小的辅助类经常发生这种错误，比如为了 RAII 支持（见第 13 条）而设计的辅助类。

要确保类能够提供合理的复制，否则就根本不要提供。可能的选择如下。

- 显式地禁止复制和赋值。如果复制对你的类型没有意义，那就通过将它们声明为私有的未实现函数来禁止复制构造和复制赋值：

```
class T {// ……
private:                        // 使 T 不能复制
  T( const T& );                // 未实现
  T& operator=( const T& );     // 未实现
};
```

- 显式地编写复制和赋值。如果复制和复制赋值适合于 T 对象，但是正确的复制行为又不同于编译器生成的版本，那么就自己编写函数并将它们设为非私有的。

- 使用编译器生成的版本，最好是加上一个明确的注释。如果复制有意义，而且默认行为也是正确的，那么就不用我们自己声明了，让编译器生成的版本来干吧。最好注释说明默认行为是正确的，这样代码的阅读者就能知道你并不是不小心忽略了其他两种选项。

请注意禁止复制和复制赋值意味着不能将 T 对象放入标准容器。这未必是一件坏事，很可能，你根本就不想在容器中存放这样的 T 对象。（通过用智能指针保存这些对象，还是可以将它们放入容器的，见第 79 条。）

关键在于：应该对这两种操作采取主动行动，因为编译器喜欢慷慨地替我们生成，而对非值型的类型而言，这种编译器所生成的版本默认情况下经常是不安全的（另见第 32 条）。

## 参考文献

[Dewhurst03] §88 • [Meyers97] §11 • [Stroustrup00] §11.2.2

# 第❺❹条
# 避免切片。在基类中考虑用克隆代替复制

## 摘要

切片面包很好，切片对象则不然：对象切片是自动的、不可见的，而且可能会使漂亮的多态设计嘎然而止。在基类中，如果客户需要进行多态（完整的、深度的）复制的话，那么请考虑禁止复制构造函数和复制赋值操作符，而改为提供虚拟的 Clone 成员函数。

## 讨论

在构建类层次结构时，我们通常都是想要获得多态行为。我们需要对象一旦创建就能保持其类型和标识。但是这个目标与 C++ 通常的对象复制语义是冲突的，因为复制构造函数不是虚拟的，也不能设为虚拟的。考虑以下代码：

```
class B {/* ... */};
class D : public B {/* ... */};
void Transmogrify( B obj );              // 糟糕：通过值接受了一个对象
void Transubstantiate( B& obj ){         // Ok：接受了一个引用
 Transmogrify( obj );                     // 糟糕：将对象切片了
 // ……
}

D d;
Transubstantiate( d );
```

程序员的本意是想多态地操作 B 和 B 派生的对象。但是，他犯了一个错误（太累了？咖啡喝得太少？）：要么是忘记了应该在 Transmogrify 的签名中写一个&，要么是他想要创建一个副本但是却采用了错误的方式。虽然代码能够很好地编译通过，但是在调用 Transmogrify 时，传入的 D 对象将会被转换为 B。这是因为通过值的传递将包括对 B::B( const B& )（即 B 的复制构造函数）的调用，而传入的 const B&将自动转换为对 d 的引用。去除掉促使我们首先使用继承的所有动态的、多态的行为，可能并不是我们想要的。

如果 B 的开发者想要允许切片，但是又不想调用者很容易或者不小心地切片的话，那么可以

这样选择：将 B 的复制构造函数设为 explicit。（我们只是为了叙述完整而提到它，并不推荐将其用在需要移植的代码中。）这不仅有助于避免隐含的切片，而且也防止了所有通过值的传递（对于基类来说，这可能是一个不错的选择，因为基类无论如何也不会实例化，见第 35 条）：

```
// 将复制构造函数设为explicit（有副作用，需要改善）
class B { // ……
public:
  explicit B( const B& rhs );
};

class D : public B {/* ... */};
```

如果确实需要，调用代码仍然能够切片，但是必须明确表示：

```
void Transmogrify( B obj );            // 注意：现在不能调用 (!)
void Transmogrify2( const B& obj ) {   // 明确说明 "我想通过值接受obj
  B b( obj );                          // （即使有可能将其切片）" 的一个惯用法
  // ……
}

B b;                                   // 基类不应该是具体的
D d;                                   // （见第35条），但是让我们想像 B 是

Transmogrify( b );                     // 现在是错误的（或者应该是错误的，见下面的注意）
Transmogrify( d );                     // 现在是错误的（或者应该是错误的，见下面的注意）
Transmogrify2( d );                    // 没问题了
```

注意：到写作本书时为止，有些编译器仍会错误地接受上面这两种（或其中一种）对 Transmogrify 的调用。虽然这种惯用法是符合标准的，但（还）不是完全可以移植的。

还有一种更好的方法，不但能够可移植地达到防止切片的目的，而且还能够提供更多的好处。假设 Transmogrify 这样的函数确实想要在不知道所给对象的实际派生类型的情况下进行完整的深复制。更通用的惯用法解决方案是，将基类的复制构造函数设为 protected（这样像 Transmogrify 这样的函数就不会偶然地调用它了），并改而依赖于一个虚拟的 Clone 函数：

```
// 添加 Clone（第一次尝试，有所改善，但是还需继续改善）
class B { // ……
public:
  virtual B* Clone() const = 0;

protected:
  B( const B& );
};
```

```
class D : public B { // ……
public:
 virtual D* Clone() const {return new D(*this); }

protected:
 D( const D& rhs ) : B( rhs ) {/* ... */}
};
```

现在再试图切片，将（有可能）会生成编译时错误，而且将 Clone 设为纯虚拟函数会强制直接派生类对其进行改写。不幸的是，这种解决方案仍然有两个编译器无法检查出来的问题：层次结构中进一步派生的类还是会忘记实现 Clone，同时 Clone 的改写的实现也可能会出错，从而使所得副本与原对象的类型并不一样。Clone 应该应用 NVI 模式（见第 39 条），这种模式将 Clone 的 public 特性和 virtual 特性分开了，从而使我们得以插入一个重要的断言：

```
class B { // ……
public:
 B* Clone() const {                           // 非虚拟的
  B* p = DoClone();
  assert( typeid(*p) == typeid(*this) && "DoClone incorrectly overridden" );
  return p;                                   // 检查 DoClone 的返回类型
 }

protected:
 B( const B& );

Private:
 virtual B* DoClone() const = 0;
};
```

Clone 现在是所有调用代码使用的非虚拟接口。派生类只需要改写 DoClone 即可。assert 将对任何副本与原对象类型不一样的情况进行标记，从而发出这样的信号：某个派生类忘记了改写 DoClone 函数；归根结底，assert 就是用来报告这些编程错误的（见第 68 条和第 70 条）。

## 例外情况

有些设计可能会要求基类的复制构造函数保持为公有的（比如，在层次结构中有一部分是第三方程序库时）。在这种情况下，应该通过（智能）指针来传递，而不是通过引用来传递。正如第 25 条中说明的，通过指针来传递所导致的切片以及不希望出现的临时构造的机会要小得多。

## 参考文献

[Dewhurst03] §30, §76, §94 • [Meyers96] §13 • [Meyers97] §22 • [Stroustrup94] §11.4.4 • [Stroustrup00] §12.2.3

# 第 55 条
# 使用赋值的标准形式

## 摘要

赋值，你的任务：在实现 operator=时，应该使用标准形式——具有特定签名的非虚拟形式。

## 讨论

应该为具有如下签名的类型 T 声明复制赋值（参阅[Stroustrup00] 和 [Alexandrescu03a]）：

```
T& operator=( const T& );              // 传统的
T& operator=( T );                     // 可能更方便的优化器（见第27条）
```

如果需要复制操作符内的参数，比如第 56 条中基于 swap 的惯用法，就采用第二个版本好了。

要避免将赋值操作符设为虚拟的（参阅[Meyers96] §33 和 [Sutter04] §19）。如果你认为自己确实需要赋值的虚拟行为，那么请首先重新阅读上述文献中的叙述。如果这还不能劝阻你，你仍然认为自己需要虚拟赋值，那么最好是改成提供一个命名函数（比如，virtual void Assign( const T& );）。

不要返回 const T&。虽然这有助于防止 (a=b)=c 这样的奇怪代码，但是它有负作用：你将不能把 T 对象放入标准库容器中；容器要求赋值返回一个普通的 T&。

要始终保证复制赋值是错误安全的，最好是提供强有力的保证（见第 71 条）。

要确保赋值操作符对于自我赋值是安全的。要避免编写依赖于自我赋值检查才能正确工作的复制赋值操作符，因为那样做往往会暴露出防错措施的缺乏。如果使用 swap 惯用法（见第 56 条）编写复制赋值操作符，则操作符不仅会自动具有强大的防错功能，而且对于自我赋值也会是安全的；如果由于引用别名或者其他原因需要经常自我赋值，那么将检查自我赋值作为一种优化检查以避免不必要的工作是没有问题的。

要显式调用所有基类赋值操作符，并为所有数据成员赋值（[Meyers97] §16），注意，交换可以自动为我们处理好所有这一切。要返回*this（[Meyers97] §15）。

## 参考文献

[Alexandrescu03a] • [Cargill92] pp.41-42, 95 • [Cline99] §24.01-12 • [Koenig97] §4 • [Meyers96] §33 • [Meyers97] §17 • [Murray93] §2.2.1 • [Stroustrup00] §10.4.4.1, §10.4.6.3 • [Sutter00] §13, §38, §41 • [Sutter04] §19

## 第56条
# 只要可行，就提供不会失败的 swap（而且要正确地提供）

### 摘要

swap 既可无关痛痒，又能举足轻重：应该考虑提供一个 swap 函数，高效且绝对无误地交换两个对象。这样的函数便于实现许多惯用法，从流畅地将对象四处移动以轻易地实现赋值，到提供一个有保证的、能够提供强大防错调用代码的提交函数（另见第 51 条）。

### 讨论

swap 函数通常如下所示，其中 U 是某个用户定义的类型：

```
class T { // ……
public:
  void swap( T& rhs ) {
    member1_.swap( rhs.member1_ );
    std::swap( member2_, rhs.member2_ );
  }
private:
  U member1_;
  int member2_;
};
```

对于原始类型和标准容器而言，用 std::swap 就可以了。其他的类可能需要用各种名字的成员函数来实现交换。

考虑使用 swap 以复制构造来实现复制赋值。下面列出的 operator=实现提供了强大的保证（见第 71 条），虽然这需要以创建一个额外对象为代价。但是如果能更有效率地为 T 对象执行防错赋值的话，那么这样做可能就不合适了：

```
T& T::operator=( const T& other ) {        // 很好：变体 #1 （传统的）
  T temp( other );
  swap( temp );
  return *this;
}
T& T::operator=( T temp ) {                 // 很好：变体 #2 （见第27条）
  swap( temp );                             // 请注意：temp 是通过值传递的
  return *this;
}
```

如果 U 没有实现不会失败的 swap 函数，就像许多遗留类一样，而你又仍然需要 T 支持 swap

函数，会怎么样呢？不要紧张，天不会塌下来。

- 如果 U 的复制构造函数和复制赋值都没有失败（同样，就像遗留类那样），那么 std::swap 将在 U 对象上正常工作。

- 如果 U 的复制构造函数有可能会失败，那么可以存储一个 U 的（智能）指针来代替直接成员。指针是很容易交换的。当然，这样做会产生额外的开销——一个额外的动态存储分配和一次额外的间接访问，但是如果在一个 Pimpl 对象中存储了所有成员，那么对于所有的私有成员来说，只需增加一次开销。（见第 43 条。）

绝对不要使用这样的小花招：通过一个后跟定位 new 的显式析构函数，用复制构造来实现复制赋值，即使这种所谓的技巧经常出现在 C++的论坛中。（另见第 99 条。）也就是说，绝对不要这样编写：

```
T& T::operator=( const T& rhs ) {          // 糟糕：这是一个反惯用法
  if( this != &rhs ) {
    this->~T();                            // 这种技巧真是作孽
      new (this) T( rhs );                 // （参阅 [Sutter00] §41）
  }
  return *this;
}
```

当用户定义类型的对象有办法比野蛮赋值更高效地交换值[比如它们有自己的 swap 或者等效的函数（见第 57 条）]时，应该在与用户定义类型相同的名字空间中提供一个非成员交换函数。此外，还可以考虑为自己的非模板类型特化 std::swap（第 65 和 66 条的情形除外）：

```
namespace std {
  template<> void swap( MyType& lhs, MyType& rhs) {   // 为 MyType 对象,
    lhs.swap( rhs );                                  // 使用 MyType::swap
  }
}
```

当 MyType 本身是一个模板类时，标准并不允许我们这样做。幸运的是，这种特化只是一种锦上添花的事，主要的技术还是在与类型相同的名字空间中提供类型定制的非成员函数 swap。

## 例外情况

对于有值语义的类来说，交换是很有用的。但对于基类来说往往就没那么有用了，因为我们总是在通过指针使用基类（见第 32 条和第 54 条）。

## 参考文献

[C++03] §17.4.3.1(1) • [Stroustrup00] §E.3.3 • [Sutter00] §12-13, §41

# 名字空间与模块

> 系统会有子系统，子系统还会有子系统，
> 依此类推，直至无穷——这正是我们总是从头再来的原因。
>
> ——Alan Perlis

名字空间是管理名字和减少名字冲突的重要工具。模块也是如此，它还是管理发布和版本化的重要工具。我们将模块定义为同一个人或小组维护的紧凑发布单元（见第 5 条），通常，一个模块也会一致地用同一编译器和开关设置编译。模块有许多级别，尺寸范围变化很大；模块可能小到一个只含一个类的目标文件，也可能大到一个由多个源文件（这些文件的内容可能会构成更大的应用程序的子系统，也可能是独立发布的）生成的共享或者动态的程序库，甚至是由许多小的模块（比如共享库、DLL 或者其他程序库）组成、包含成千上万个类型的巨大程序库。虽然 C++ 标准中并没有直接提到共享库和动态库这样的实体，但是 C++ 程序员构建和使用程序库已经是家常便饭，而且良好的模块化是成功的依赖性管理的基本要素（见第 11 条)。

很难想象，一个较大的程序能不使用名字空间和模块。本部分中，我们将阐述使用这两种相关的管理和打包工具的基本原则，并讨论它们怎样与 C++ 语言的其他部分和运行时环境交互较好，怎样交互又不好。这些规则和原则将说明如何趋其"利"而避其"害"。

本部分中我们选出的最有价值条款是第 58 条：应该将类型和函数分别置于不同的名字空间中，除非有意想让它们一起工作。

## 第 57 条
# 将类型及其非成员函数接口置于同一名字空间中

## 摘要

非成员也是函数：如果要将非成员函数（特别是操作符和辅助函数）设计成类 X 的接口的一部分，那么就必须在与 X 相同的名字空间中定义它们，以便正确调用。

## 讨论

公有成员函数和非成员函数都是类的公有接口的组成部分。接口原则是这样表述的：对于一个类 X 而言，所有在同一个名字空间中"提及" X 和"随" X "一起提供的"函数（包括非成员函数）逻辑上都是 X 的一部分，因为它们形成了 X 接口的组成部分。（见第 44 条，参阅 [Sutter00]。）

C++语言被明确地设计为实施接口原则。之所以要在语言中增加参数依赖查找（argument-dependent lookup，ADL，也称 Koenig 查找[①]），是因为要确保使用类型 X 的对象 x 的代码能够像使用成员函数（比如 x.f()，它不需要特殊的查找，因为查找 f 的操作显然是在 X 的作用域中进行的）那样使用其非成员函数接口（比如 cout << x，它为 X 调用了非成员 operator<<）。对于那些以 X 对象为参数的、由 X 的定义提供的非成员函数来说，ADL 可以确保它们能够成为 X 接口的一等成员，就像 X 的直接成员函数一样。

ADL 主要的也是成为其产生原因的例子是 X 为 std::string 的情形（参阅[Sutter00]）。

考虑定义于名字空间 N 中的类 X：

```
class X {
public:
  void f();
};

X operator+( const X&, const X& );
```

调用者通常想写这样的代码，其中 x1、x2 和 x3 是类型 X 的对象：

```
x3 = x1 + x2;
```

---

[①] 此原则以提出者 Andrew Koenig 的名字命名。——译者注

如果 operator+是在与 X 相同的名字空间中被声明的，那么就没有问题，这样的代码总是能够正确地工作，因为所提供的 operator+将使用 ADL 进行查找。

如果 operator+不是在与 X 相同的名字空间中被声明的，那么调用者的代码将无法正确工作。调用者有两种变通方法使其工作。第一种方法是使用显式的限定：

```
x3 = N::operator+( x1, x2 );
```

这既可悲又可耻，因为它要求用户放弃自然的操作符语法，而这正是操作符重载的第一要点。另一种方法是编写一条 using 语句：

```
using N::operator+;
// 或者：using namespace N;
x3 = x1 + x2;
```

编写上面的 using 语句是完全可以接受的（见第 59 条），但是，如果 X 的作者正确地将 X 对象的 operator+放入了与 X 相同的名字空间中，那么调用者也就不必经历这些磨难了。

这个问题的另一个方面，见第 58 条。

## 示例

例 1　操作符。在那些显然是类 X 的接口的一部分，但又总是非成员的函数中，类型 X 的对象的流操作符 operator<<和 operator>>可能是其中最引人注目的函数实例了（这是必然的，因为左边的参数是一个流，而不是 X）。同理也适用于 X 对象的其他非成员。要确保操作符与其所操作的类出现在同一名字空间中。如果可以选择，那就将操作符和所有其他函数都设为非成员非友元（见第 44 条）。

例 2　其他函数。如果 X 的编写者提供了以 X 对象为参数的命名辅助函数，那么这些函数应该放在同一名字空间中，否则使用了 X 对象的调用代码就只能通过显式限定或者 using 语句来使用该命名函数了。

## 参考文献

[Stroustrup00] • §8.2, §10.3.2, §11.2.4 • [Sutter00] §31-34

# 第 58 条
# 应该将类型和函数分别置于不同的名字空间中，除非有意想让它们一起工作

## 摘要

协助防止名字查找问题：通过将类型（以及与其直接相关的非成员函数，见第 57 条）置于自己单独的名字空间中，可以使类型与无意的 ADL（参数依赖查找，也称 Koenig 查找）隔离开来，促进有意的 ADL。要避免将类型和模板化函数或者操作符放在相同的名字空间中。

## 讨论

遵循这一建议，不仅可以避免追踪代码中难以辨识的错误，而且还可以避免了解那些极其难以理解的语言细节——你可能永远都不需要了解的细节。

思考这个公开发表在某个新闻组中的实际例子：

```
#include <vector>

namespace N {
  struct X {};

  template<typename T>
  int* operator+( T , unsigned ) {/* 进行具体工作 */}
}

int main() {
  std::vector<N::X> v(5);
  v[0] ;
}
```

语句 v[0]; 在某些标准库的实现上能够通过编译，但是在另一些标准库上却不行。我们还是尽量长话短说吧（请先深吸一口气）：这个极其难以理解的问题出在大多数 vector<T>::operator[] 的实现内部隐藏着 v.begin() + n 这样的代码，而这个 operator+ 函数的名字查找可能会向外查找进入用以实例化 vector 的那个类型（这里是 X）所在的名字空间（这里是 N）中。是否会像这样进入 N 取决于 vector<T>::iterator 在这个标准库的实现版本中是如何定义的，但是如果确实进入了 N，就会查找到 N::operator+。最终，根据所涉及的具体类型，编译器可能会发现，对于该标准库的实现中提供的（也是有意要调用的）vector<T>::iterator 而言，N::operator+ 比 std::operator+

匹配得更好。（标准库的实现用于防范这种问题的一个办法就是不要以那种方式编写 v.begin() + n 这样的代码，这种代码会在无意中插入一个自定义点：要么安排 v.begin()的类型不要以任何方式依赖于模板参数，要么将对 operator+的调用重新编写为限定调用。见第 65 条。）

简而言之，即便我们很幸运，还有错误信息产生，我们也几乎无法从错误信息中弄清到底是怎么回事，更确切地说，是由于我们有可能会碰到最糟糕的情况：虽然选择了 N::operator+，但是很不幸代码还能通过编译，即使这是完全不希望出现的，而且已经大错特错了。

你觉得自己不会遇到这种情况？那就回想一下好了：你还能记得自己编写过的使用了标准库（以此为例①）的代码，曾经出现了不可思议的、无法理解的编译错误吗？略微重新整理了代码并重新编译之后，还是不行，再整理，再编译，……，直到神秘的编译错误消失，你就又兴高采烈地继续了——顶多心里还有些犯嘀咕，为什么编译器不让最开始编写的只是略有不同的代码通过呢？我们都经历过这种日子，这个神秘现象的元凶很有可能就是前面所述问题的一种形式，其中 ADL 不正确地从其他名字空间中导入了名字，只是因为在附近使用了那些名字空间中的类型。

这个问题并不只是和标准库的使用有关。在 C++ 中，使用任何与自己不特别相关的函数（特别是模板化函数，而最特别的是操作符）在同一名字空间中定义的类型，都可能而且确实会出现这一问题。切莫为之。

归根结底：你应该不必知道这些东西。通常，避免此类问题的最简单的方法，就是：避免将不属于类型 X 的接口的非成员函数与 X 放在同一个名字空间中，尤其是绝对不要将模板化函数或者操作符与用户定义类型放在同一名字空间中。

注意：的确，C++ 标准库将一些算法和其他函数模板（比如 copy 和 distance）以及大量类型（比如 pair 和 vector）都放在了同一个名字空间中。它将所有东西都放进了一个名字空间。这是一件非常不幸的事情，这也正是产生此类微妙问题的原因。我们现在了解得更透彻了。以史为鉴，切莫再为。

这个问题的另一个方面，见第 57 条。

## 参考文献

[Stroustrup00] §10.3.2, §11.2.4 • [Sutter00] §34 • [Sutter02] §39-40

---

① 指此情况并非仅在标准库的使用中出现，详见下文。——译者注

# 第❺❾条
# 不要在头文件中或者#include 之前编写名字空间 using

## 摘要

名字空间 using 是为了使我们更方便，而不是让我们用来叨扰别人的：绝对不要编写 using 声明或者在#include 之前编写 using 指令。

推论：在头文件中，不要编写名字空间级的 using 指令或者 using 声明，相反应该显式地用名字空间限定所有的名字。（第二条规则是从第一条直接得出的，因为头文件无法知道以后其他头文件会出现什么样的#include。）

## 讨论

简而言之：可以而且应该在实现文件中的#include 指令之后自由地使用名字空间级的 using 声明和指令，而且会感觉良好。尽管不断有人宣称相反的论点，但是使用名字空间级的 using 声明和指令是无害的，它们不会影响名字空间的使用。相反，正是它们使名字空间变得好用了。

名字空间为无二义性的名字管理带来了巨大的好处。大多数时间内，不同的程序员都不会为一个类型或者函数选择完全相同的名字；但是在少数情况下会出现重名，而且两段代码还会一起使用，这时将这些名字放在不同的名字空间中就可以防止出现名字冲突。（毕竟，我们不希望像 C 之类的语言那样遇到默认的名字空间污染问题。）在确实出现了这种二义性的少数情况下，调用代码可以明确限定名字，说明要的是哪一个。但是大多数时候，并不会出现二义性：这也是为什么名字空间级的 using 声明和指令使名字空间变得好用了的原因，因为它们使我们无需再乏味地每次都限定每个名字（这将是非常繁重的劳动，而且坦白说人们将不堪忍受其烦），而是能够只在非常少见的、需要解决实际出现的二义性时才限定名字，从而极大地减少了代码混乱。

但是 using 声明和指令是为了编码方便而设的，不应该让它们的使用影响其他人的代码。具体地说，就是不要在任何后面可能跟有其他人代码的地方编写它们；尤其是不要在头文件（头文件都要被无数的实现文件所包含，当然不应该干扰其他代码的意义）中或者在#include 之前（我们不希望干扰其他人头文件中代码的意义）使用它们。

如果 using 指令（比如，using namespace A;）毫无意识地影响了其后的代码，那么大多数人都能凭直觉理解为什么它会引起名字污染：因为它将一个名字空间整体地导入到了另一个名字空间中，包括那些还没有见过的名字，非常明显，它能轻易地改变其后代码的意义。

但这里有一个常见的陷阱：许多人认为在名字空间一级进行 using 声明（例如，using N::Widget;）是安全的。其实不然。它们至少同样危险，而其难于理解和隐蔽的程度只有过之而无不及。考虑以下的代码：

```
// 代码片断 1
namespace A {
  int f(double);
}

// 代码片断 2
namespace B {
  using A::f;
  void g();
}

// 代码片断 3
namespace A {
  int f(int);
}

// 代码片断 4
void B::g() {
  f(1);                    // 调用的是哪个重载?
}
```

此处的危险在于，using 声明将获取的是在遇到 using 声明瞬间所见到的名字空间 A 中任何名为 f 的实体。因此，从 B 中来看，哪个重载可见将取决于这些代码片断处在哪里，是以什么顺序组合的。（此时，你脑子里应该已经轰轰地响起了警告"可顺序依赖是大恶啊！"）第二个重载，f(int)，能够更好地匹配调用 f(1)，但是如果 f(int) 的声明在 using 声明之后的话，那么对 B::g 来说它将是不可见的。

考虑两种特殊情况。第一种情况中，假设代码片断 1、2 和 3 分别位于三个不同的头文件 s1.h、s2.h 和 s3.h 中，而代码片断 4 在实现文件 s4.cpp 中，该文件包含了那三个头文件以导入相关的声明。然后，我们就遇到了一个不幸的现象：B::g 的语义将取决于 s4.cpp 中所包含的头文件的顺序！具体说就是：

- 如果 s3.h 在 s2.h 之前，则 B::g 将调用 A::f(int)；

- 否则如果 s1.h 在 s2.h 之前，则 B::g 将调用 A::f(double)；

- 否则 B::g 就完全无法编译。

至少在前面的例子中，仍然有一个定义明确的顺序，而且答案将肯定是所列出的三种选择之一。

另一种情况将更糟：假设代码片断 1、2、3 和 4 分别在 4 个不同的头文件 s1.h、s2.h、s3.h 和 s4.h 中。情况更加糟糕了：B::g 的语义将取决于这些头文件被包含的顺序，不仅在 s4.h 中，而且在任何包含 s4.h 的代码中！说得更具体一些，就是实现文件 client_code.cpp 可能会尝试以任意顺序包含这些头文件：

- 如果 s3.h 在 s2.h 之前，则 B::g 将调用 A::f(int)；

- 否则如果 s1.h 在 s2.h 之前，则 B::g 将调用 A::f(double)；

- 否则 B::g 将根本无法编译。

这比第一种情况还糟糕，因为两个实现文件可能会以不同的顺序包含这些头文件。想一想如果 client_code_1.cpp 以这样的顺序包含：s1.h、s2.h 和 s4.h，但是 client_code_2.cpp 以这样的顺序包含：s3.h、s2.h 和 s4.h，将会怎么样。此时，B::g 将违反一次定义规则（One Definition Rule，ODR），因为它有两个既不一致，也不兼容的实现，这两个实现不可能同时正确——一个试图调用 A::f(int)，而一个试图调用 A::f(double)。

因此，不要在头文件中或者在实现文件的#include 指令之前编写名字空间级的 using 声明或者 using 指令。这样要么会导致名字空间污染，要么会获取想要导入的名字的不完整的瞬间快照，还有可能两者兼而有之，从而很有可能会影响到以后代码的意义。（请注意这里的限定词"名字空间级的 using 声明或者 using 指令"。这一建议并不适用于编写类成员级的 using 声明以导入需要的基类成员名字的情况。）

在所有头文件中，以及所有最后一个#include 之前的实现文件中，总是明确地用名字空间限定所有名字。在所有#include 之后的实现文件中，可以而且应该不受限制地编写名字空间级的 using 声明和指令。这是协调代码简洁性和模块性的正确之道。

### 例外情况

从老的 ANSI/ISO 标准化之前的标准库实现（它将所有符号都放在了全局名字空间中）将一个大型项目移植到更新后的标准库（几乎所有东西都在名字空间 std 中）上，可能会迫使你仔细地在头文件中放入一个 using 指令。具体方式在文献 [Sutter02] 中有所叙述。

### 参考文献

[Stroustrup00] §9.2.1 • [Sutter02] §39-40

# 第⑥条
# 要避免在不同的模块中分配和释放内存

## 摘要

物归原位：在一个模块中分配内存，而在另一个模块中释放它，会在这两个模块之间产生微妙的远距离依赖，使程序变得脆弱。必须用相同版本的编译器、同样的标志（比较著名的比如用debug 还是 NDEBUG）和相同的标准库实现对它们进行编译，实践中，在释放内存时，用来分配内存的模块最好仍在内存中。

## 讨论

程序库的开发者希望提高库的质量，其直接后果就是库的一个版本与下一个版本之间在标准内存分配器所用的内部数据结构和算法方面会产生显著的差异。而且，不同的编译器开关（如打开和关闭调试设施）也可能会显著地改变内存分配器的内部工作机理。

所以，跨越模块边界时——尤其是跨越无法保证能用相同的 C++ 编译器和相同构建选项编译的模块边界时，不要对释放函数（比如::operator delete 或者 std::free）做太多假设。通常，事实是各种模块都在同一个 makefile 中，用相同的选项来编译，但是安逸往往会导致健忘。尤其是在遇到动态连接库、分布于多个大型团队的大型项目或者富于挑战的模块"热交换"时，应该尽最大可能地注意在同一模块或者子系统中分配和释放内存。

确保删除由合适的函数进行，一个很好的方式是使用 shared_ptr 设施（参阅[C++TR104]）。shared_ptr 是一个引用计数的智能指针，可以在构造时捕获其"删除器（deleter）"。删除器是一个执行释放的函数对象（或者是一个直接的函数指针）。因为这个函数对象或者函数指针是shared_ptr 对象状态的一部分，所以分配对象的模块能够同时指定释放函数，而且该函数即使在释放点在另一个模块中的时候，也能够被正确调用——而且是以公认的低代价（正确性是值得用这一代价交换的；另见第 5 条、第 6 条和第 8 条）。当然，原模块必须仍保留在内存中。

## 参考文献

[C++TR104]

# 第 61 条
# 不要在头文件中定义具有链接的实体

## 摘要

重复会导致膨胀：具有链接的实体（entity with linkage[①]），包括名字空间级的变量或函数，都需要分配内存。在头文件中定义这样的实体将导致连接时错误或者内存的浪费。请将所有具有链接的实体放入实现文件。

## 讨论

在开始使用 C++时，我们都会很快地知道，这样的头文件：

```
// 要避免在头文件中定义具有外部链接的实体
int fudgeFactor;
string hello("Hello, world!");
void foo() {/* ... */}
```

只要被一个以上的源文件所包含，就很容易导致连接时错误，编译器会报告存在重复符号错误。原因很简单：每个源文件中，都会定义 fudgeFactor、hello 和 foo 的函数体，并分配空间。当要将它们都链接起来的时候，连接器将面对多个具有相同名字而且互相在竞争可见性的符号。

解决之道非常简单——只在头文件中放置声明即可：

```
extern int fudgeFactor;
extern string hello;
void foo();                 // "extern" 对函数声明而言是可有可无的
```

而实际的定义则放在一个单独的实现文件中：

```
int fudgeFactor;
string hello("Hello, world!");
void foo() {/* ... */ }
```

同样，不要在头文件中定义名字空间级的 static 实体。例如：

```
// 要避免在头文件中定义具有静态链接的实体[②]
static int fudgeFactor;
static string hello("Hello, world!");
static void foo() {/* ... */}
```

这种对 static 的错误使用比在头文件中只定义全局实体还要危险。对于全局实体，至少连接

---

① 按照 C++标准 3.5 节（程序与链接）第 2 段中定义，所谓具有链接的名字，是指它可能与另一作用域中某个声明所引入的名字表示同一个实体（对象、引用、函数、类型、模板、名字空间或值）。链接有三种情况：外部链接、内部链接和无链接。内外链接的区别在于是否能从另一编译单元中引用。无链接指名字所表示的实体不能从作用域之外引用。判断链接的有无规则比较繁琐。但是，名字空间级的实体肯定具有内部或者外部链接，在局部作用域声明的名字肯定没有链接。——译者注

② 标准中并没有定义静态链接这一术语，显式声明为 static 的实体具有内部链接。——译者注

器很可能会立即发现重复。但是静态数据和函数的重复是合法的，因为编译器会认为你想在每个源文件中都有一个私有的副本。因此，如果在某个头文件中定义了静态数据和静态函数，而该头文件又要被 50 个文件包含，那么函数体和数据所占用的空间会在最终的可执行文件中重复 50 次（除非有些现代连接器能够在安全的前提下，将相同的函数体和 const 数据合并）。当然，全局数据（比如静态的 fudgeFactor）也并不真正是全局的，因为每个源文件最终还是要操纵自己的副本，独立于程序中所有其他副本。

不要试图通过在头文件中（滥）用未命名的名字空间来绕开此问题，因为其结果仍然是无法令人满意的。

```
// 在一个头文件中，这和static一样糟糕
namespace {
  int fudgeFactor;
  string hello("Hello, world!");
  void foo() {/* ... */ }
}
```

## 例外情况

以下具有外部链接的实体可以放入头文件中。

- 内联函数。它们具有外部链接，但是连接器肯定不会拒绝多个副本。除此之外，它们和常规函数的行为完全一样。实际上，内联函数的地址在整个程序中肯定是惟一的。

- 函数模板。它们与内联函数相似，其实例化行为与常规函数一样，只不过可以接受重复的副本（而且最好完全一样）。当然，好的编译框架会去除没有必要的副本。

- 类模板的静态数据成员。这对连接器而言可能非常麻烦，但这不是你的问题——你要做的就是在头文件中定义它们，让编译器和连接器来处理其余的事情。

此外，一种称为"Schwarz 计数器"或者"灵巧计数器"（nifty counter）的全局数据初始化技术要求在头文件中放入静态的（或未命名名字空间中的）数据。Jerry Schwarz 在标准 I/O 流的 cin、cout、cerr 和 clog 的初始化中使用了这一技术，该技术因此流行开来。

## 参考文献

[Dewhurst03] §55 • [Ellis90] §3.3 • [Stroustrup00] §9.2, §9.4.1

# 第62条
# 不要允许异常跨越模块边界传播

## 摘要

不要向邻家的花园抛掷石头：C++异常处理没有普遍通用的二进制标准。不要在两段代码之间传播异常，除非能够控制用来构建两段代码的编译器和编译选项；否则模块可能无法支持可兼容地实现异常传播。这通常可以一言以蔽之：不要允许异常跨越模块或子系统边界传播。

## 讨论

C++标准并没有规定异常传播必须实现的方式，甚至也没有大多数系统共同遵守的事实标准。异常传播的机制不仅随着所用的操作系统和编译器的不同而异，而且即使对于给定操作系统上的给定编译器，也会随构建应用程序每个模块所用编译选项的不同而不同。因此，应用程序必须通过保护所有主要模块的边界来防止异常处理的不兼容性，这意味着对于这些模块的每个编译单元，开发人员都要确保一致地使用相同的编译器和编译选项。

最低限度，应用程序必须在以下位置有捕获所有异常的 catch(...)兜底语句，其中大多数都直接适用于模块。

- 在 main 函数的附近。捕获并用日志记录任何将使程序不正常终止而其他地方又没有捕获的异常。

- 在从无法控制的代码中执行回调附近。操作系统和程序库会提供一些框架，可以传递一个指向以后才会调用（例如，发生异步事件时）的函数的指针。不要让异常传播到回调函数之外，因为调用回调函数的代码很有可能使用不同的异常处理机制。其实，调用代码甚至有可能不是用 C++编写的。

- 在线程边界的附近。毕竟，线程是在操作系统的内部创建的。要确保线程的 mainline 函数不会向系统传播异常，否则将出乎系统的意料。

- 在模块接口边界的附近。子系统会公开一些公用接口供外部使用。如果子系统要封装为一个库，那么应该使异常仅限于内部，并使用传统的平凡但是可靠的错误代码向外界报告错误（见第 72 条）。

- 在析构函数内部。析构函数不能抛出异常（见第 51 条）。如果析构函数要调用可能会抛出异常的函数，就需要自我保护好，防止这些异常向外泄漏。

确保所有模块在内部一致地使用一种错误处理策略（最好是 C++异常，见第 72 条），而在其接口中也一致地使用另一种错误处理策略（例如，用于 C 语言的 API 的错误代码）；两种策略可能会碰巧相同，但通常情况下还是不同的。错误处理策略只有在跨越模块边界时才可以改变。应该明确如何处理模块之间策略的接口（例如，如何与 COM 或 CORBA 互操作，又如，如何能始终在 C 语言的 API 边界捕获异常）。一种好的解决方案是，定义一些中枢性的函数，在异常和子系统返回的错误代码之间进行转换。这样就能够很容易地将来自对应模块的错误转换为内部使用的异常，简化了集成工作。

使用两种而不是一种策略，听上去有些小题大做，有的人可能会想到抛开异常，而从头至尾只使用老而弥坚的错误代码。但是不要忘了，异常处理具有实实在在的易用和健壮的优点，它是 C++的惯用机制，稍微重要一些的 C++程序中都少不了它（因为标准语言和标准库都会抛出异常），因此应该尽可能优先使用异常处理。更多细节，见第 72 条。

有一点需要提醒一下：一些操作系统使用 C++异常处理机制来封装传递与系统相关的低层错误，例如析值（dereference）空指针。因此，catch(...)子句可能捕获的不仅仅是普通的 C++异常，在执行 catch(...)时，程序可能已经处于一种过渡状态。请查阅系统的文档，要么尽己所能用最巧妙的方式准备好处理这种低层异常，要么使用特定于系统的调用在应用程序开始时禁用这种封装传递。对于所有已知的异常基类型 Ei，用一系列的 catch(E1&) {/*...*/ } catch(E2&) {/*...*/ }... catch(En&) {/*...*/ }代替 catch(...)并不是一种可伸缩的解决方案，因为只要在应用程序中添加新的程序库（使用其自己的异常层次结构），就需要更新这个捕获列表。

在本条款所提到的位置之外使用 catch(...)，经常是一种不良设计的征兆，因为这意味着你想要捕获所有异常，却未必具备处理它们的专门知识（见第 74 条）。好的程序不应该有很多捕获全部异常的 catch(...)，实际上，连 try/catch 语句都不多；理想情况下，错误可以在模块内部到处顺畅地传播，在跨越模块边界时转换（不得不付出的代价），在按策略设置的边界上进行处理。

## 参考文献

[Stroustrup00] §3.7.2, §14.7 • [Sutter00] §8-17 • [Sutter02] §17-23 • [Sutter04] §11-13

# 第❻❸条
# 在模块的接口中使用具有良好可移植性的类型

## 摘要

生在（模块的）边缘，必须格外小心：不要让类型出现在模块的外部接口中，除非能够确保所有的客户代码都能正确地理解该类型。应该使用客户代码能够理解的最高层抽象。

## 讨论

程序库发布得越广，对其所有客户代码构建环境的控制就越小，库的外部接口中能够可靠使用的类型就越少。跨模块的接口要涉及二进制数据交换。很遗憾，C++没有指定标准的二进制接口；广为发布的库可能尤其需要依赖于 int 和 char 这样的内置类型与外部世界接口。即使在相同的编译器中使用不同的构建选项编译相同的类型，仍然会生成二进制不兼容的版本。

一般而言，如果能够控制用来构建模块和所有客户代码的编译器和编译选项，就可以使用任何类型；如果不能，就只能使用平台所提供的类型和 C++的内置类型（尽管如此，对于后一种情况还是应该记录所希望的大小和表示形式）。具体到模块接口，不应该在其中使用标准库类型，除非使用该模块的所有其他模块是与它同时编译的，而且使用的是完全相同的标准库源码映像。

在使用并非所有客户都能正确理解的类型，和使用低层抽象之间，需要进行权衡。抽象当然重要，但是如果有些客户代码只能理解低层类型，而且必须使用这些类型的话，还可以考虑提供使用高级类型的替换操作。考虑以要处理的文件为参数的 SummarizeFile 函数。这个参数有三种常见选择：可以是一个 char*指针，指向包含文件名的 C 风格字符串；可以是一个包含文件名的 string；或者是一个 istream 或自定义的 File 对象。每种选择都有其利弊。

- 选择 1：char*。显然能够访问 char*类型的客户代码范围最广。糟糕的是，这也是最低层的选择。具体而言，这种选择有很多问题：它不够健壮（例如，调用代码和被调用代码必须明确决定谁来分配内存，谁来释放内存），更容易出现错误（例如，文件有可能不存在），也更不安全（例如，容易遭到典型的缓冲区溢出攻击）。

- 选择 2：string。能够访问 string 类型的客户代码有更多的限制：必须用 C++编写，必须用相同的标准库实现、相同的编译器以及兼容的编译器设置编译。而因此换来的，是更健壮（例如，调用代码和被调用代码不用在内存管理问题上做过多的工作；但见第 60 条）、更安全（例如，string 能够按需要扩大缓冲区，本质上不易受缓冲区溢出攻击）。但这种选择的层次仍然相对较低，因此还是容易出现一些必须进行显式检查的错误（例如，文件有可能不存在）。

- 选择 3：istream 或 File。如果必须使用类类型，从而要求客户代码必须使用 C++编写，而且编译要使用相同的编译器和开关，那么应该使用强抽象：istream（或封装 istream 的自定义 File 对象，从而避免了直接依赖于某个标准库实现）能够提高抽象层次，使 API 的健壮性大大改善。函数既然已经知道自己所接受的是一个 File 或是适合的输入流，就无需再为字符串文件名管理内存了，而且也不会再出现其他选择中可能出现的许多有意和无意的错误。但有些检查还是必要的：必须打开文件，内容的格式必须正确，有可能出错的也就是这些了。

即使选择在模块的外部接口中使用较低层的抽象，也还是应该始终在内部使用最高层的抽象，并在模块的边界处将其转换为低层抽象。例如，如果有非 C++语言的客户代码的话，那么可以使用指向客户代码的、不透明的 void*或 int 句柄[①]，而内部依然使用对象，并且只在模块接口中转换类型，以实现内外之间的相互转换。

## 示例

**例**　在模块接口中使用 std::string。假设一个模块需要提供下面的 API：

```
std::string Translate( const std::string& );
```

对于在一个团队或者一个公司内部使用的程序库，这样通常就行了。但是如果需要将此模块与含有不同 std::string 实现（内存布局不同）的调用代码动态链接起来，就会发生奇怪的事情，因为客户代码和模块都不能理解对方的 string。

我们曾经见到，一些开发人员尝试通过用自定义的 CustomString 将 std::string 封装起来，解决这一问题，但最终他们还是遇到了同样的问题，不禁大吃一惊，这是因为他们不可能完全控制所有调用代码的构建过程。

解决方案之一是用可移植的（可能是内置的）类型，要么在接受 string 参数的函数之外再增加一个新参数类型的函数，要么干脆取而代之。例如：

```
void Translate( const char* src, char* dest, size_t destSize );
```

使用的抽象层次越低，可移植性就越好，但复杂性也越高；例如在本例中，如果缓冲区不够大，则调用代码和被调用代码都必须显式地处理可能出现的字符串截断。（请注意，这个版本使用了调用代码分配的缓冲区，这样能避免在不同的模块中分别分配和释放内存的缺陷，见第 60 条。）

## 参考文献

[McConnell93] §6 • [Meyers01] §15

---

① 此处句柄即引用。——译者注

# 模板与泛型

我们也如法炮制：此处的介绍文字留给读者。

本部分中我们选出的最有价值条款是第 64 条：理智地结合静态多态性和动态多态性。

# 第 64 条
# 理智地结合静态多态性和动态多态性

## 摘要

1 加 1 可远远不止是 2：静态多态性和动态多态性是相辅相成的。理解它们的优缺点，善用它们的长处，结合两者以获得两方面的优势。

## 讨论

动态多态性是以某些类的形式出现的，这些类含有虚拟函数和（通过指针或者引用）间接操作的实例。静态多态性则与模板类和模板函数有关。

多态性意味着一个给定值能够有一种以上的类型，而给定函数能够接受类型与其形参不符的实参。"多态性是无需放弃静态类型检查之利，而能得动态类型检查之便的一种方式。"[Webber03]

多态性的优势在于，同一段代码能够操作于不同类型，甚至可以是在编写代码时不知道的类型。这种"假性因果①的适用"是多态性的基础，因为它大大增加了代码的可用性和可重用性（见第 37 条）。（请与刻板的只能操作于设计意图所要处理的具体类型的那些巨型代码进行比较。）

通过公用继承实现的动态多态性能够使值具有一种以上的类型。例如，Derived* p 不仅可以视作是一个指向 Derived 的指针，而且可以视作是指向 Derived 的任何直接或者间接基类 Base 的指针（所谓包含性）。动态多态性还称为包含多态性，因为 Base 所建模的集合，包含 Derived 所建模的特化。

由于具有这样的特性，在 C++中动态多态性最擅长于以下几个方面。

- 基于超集/子集关系的统一操作。具有超集/子集（基/派生）关系的不同类可以被统一处理。操作于 Employee 对象的函数也能够操作于 Secretary 对象。
- 静态类型检查。C++中所有类型都是被静态检查的。
- 动态绑定和分别编译。使用层次结构中类的代码与整个层次结构的代码是分别编译的。正是指针（为对象和函数）提供的间接性，使之成为可能。
- 二进制接口。既可以静态链接模块，也可以动态链接模块，只要所链接模块的虚拟表布局方式相同。

通过模板实现的静态多态性也能够使值具有一种以上的类型。在 template<class T> void f( T t ) {/*...*/ }中，可以在 f 中替换 t 的类型，使其具有编译代码所需的类型。这称为"隐式接口"，与

---

① 原文为 post-hoc，拉丁文，是逻辑学上的一个概念，指因为 A 发生于 B 之前而错误地判断 A 是导致 B 发生的原因。这里指的是多态性能够使开发者在编写代码时适应未知的未来情况。——译者注

基类的显式接口对应。它同样实现了多态性的目的，即编写能够在多个类型上操作的代码，只不过方式迥异而已。

静态多态性最擅长于以下几个方面。

- 基于语法和语义接口的统一操作。可以对遵守一个语法和语义接口的类型进行统一处理。接口是遵守语法的、隐式的（而不是基于签名的、显式的），因此允许使用任何符合给定语法的类型替换。例如，对于语句 int i = p->f( 5 )而言：如果 p 是一个指向 Base 类类型的指针，那么该语句将调用某个特定的函数，比如可能是 virtual int f(int)。但是如果 p 是一个泛型类型，则该语句可以与许多东西绑定，包括可以调用一个重载的 operator->，该调用会返回一个定义函数 X f(double)的类型，其中 X 可以转换为 int。
- 静态类型检查。所有类型都是被静态检查的。
- 静态绑定（防止分别编译）。所有类型都是被静态绑定的。
- 效率。编译时估值和静态绑定能够带来动态绑定所不具备的优化和效率。

应该根据各种因素的轻重缓急，充分发挥两种多态性的长处。

应该结合两种多态性，取长补短，同时尽量趋利避害。

- 用静态多态性辅助动态多态性。使用静态多态性实现动态多态的接口。例如，假设有一个抽象基类Command，则可以将各种实现定义为template</*...*/> class ConcreteCommand : public Command。实现 Command（命令）和 Visitor（访问者）设计模式是这种方案的具体实例（参阅[Alexandrescu01] 和 [Sutter04]）。
- 用动态多态性辅助静态多态性。提供一个泛型、易用而且静态绑定的接口，但是内部又是动态分派的，这样就可以提供统一的对象布局。这种方案的优秀实例是可辨识联合（discriminated union）①的实现（参阅[Alexandrescu02b] 和 [Boost]）和 tr1::shared_ptr 的 Deleter 参数（参阅[C++TR104]）。
- 任何其他的结合。那种取二者之弊的蹩脚结合比单独使用其一还要糟糕，而得二者之利的漂亮结合则肯定胜过只用其一。例如，不要将虚拟函数放入类模板中，除非需要所有虚拟函数每次都实例化（这与模板类型的非虚拟函数简直是大相径庭）。这种情况下，代码的内存占用可能是天文数字，而且会实例化从不需要的功能，也是对泛型类型的一种过度限制。标准中一些方面的缺陷铸成了这个错误。不要再重蹈覆辙了。

## 参考文献

[Alexandrescu01] §10 • [Alexandrescu02b] • [C++TR104] • [Gamma95] • [Musser01] §1.2-3, §17 • [Stroustrup00] §24.4.1 • [Sutter00] §3 • [Sutter02] §1 • [Sutter04] §17, §35 • [Vandevoorde03] §14 • [Webber03] §8.6

---

① 可辨识联合也称标签联合（tagged union）或者变体类型（variant type），指的是这样的一种数据结构，它能够存储一组不同但是固定的类型中某个类型的对象，具体是哪个类型由标签字段决定。这种数据结构在解释器、数据库和数据通信中非常有用。需要注意的是，英文原词在数学中又指 disjoint union，即不相交并集。——译者注

# 第65条
# 有意地进行显式自定义

## 摘要

有意胜过无意，显式强似隐式：在编写模板时，应该有意地、正确地提供自定义点，并清晰地记入文档。在使用模板时，应该了解模板想要你如何进行自定义以将其用于你的类型，并且正确地自定义。

## 讨论

编写模板库时常见的错误是提供无意的自定义点——即在这些点，调用者的代码能够在模板中被查到并使用，但是其实你并不想调用者代码牵涉进来。这很容易解决：只需常规地调用另一个函数或者操作符（无限定的），如果其参数之一碰巧是模板参数类型（或者相关的类型），那么ADL 将会选中它。这样的示例很多，第 58 条中就有一个。

与此相反，还是有意为之的好：了解在模板中提供自定义点的三种主要方式，决定在模板的给定点要使用哪一种，并正确地编写出来。然后，检查并确认自己没有无意中在不需要的地方编写了自定义点。

提供自定义点的第一种方式是常用的"隐式接口"（见第 64 条）方法，其中模板直接依赖于类型具有给定名字的合适成员这一事实：

```
// 选择 1: 通过要求 T 提供 foo 函数的功能
// 作为带给定名字、签名和语义的成员函数来提供自定义点。
template<typename T>
void Sample1( T t ) {
  t.foo();                    // foo是一个自定义点
  typename T::value_type x;   // 另一个例子: 提供自定义点来
}                             // 查找类型（通常通过typedef）
```

要实现选择 1，Sample1 的编写者必须做以下两点。

- 调用含有成员符号的函数。只使用自然的成员语法。

- 记录自定义点。类型必须提供可访问的成员函数 foo，该函数能够用给定参数（这里参数为空）调用。

第二种选择也是使用"隐式接口"方法，但是采用的是一个通过 ADL 查找的非成员函数（即希望它位于模板用来实例化的类型所在的名字空间中），这正是 C++语言 ADL 特性的主要动机（见第 57 条）。模板现在依赖的是"类型具有给定名字的合适的非成员"这一事实：

```
// 选择2: 通过要求T以具有给定名字、签名和语义的非成员函数
// (通常通过ADL查找) 提供foo函数的功能
// 来提供自定义点(这是不会查找类型的惟一选择)。
template<typename T>
void Sample2( T t ) {
    foo( t );              // foo 是一个自定义点
    cout << t;             // 另一个例子: 带有operator符号的operator<<
}                          // 是同一种自定义点
```

为了实现选择2，Sample2 的编写者必须做到以下两点。

- 调用具有未限定非成员记号的函数（包括操作符情况下的自然操作符记号），并确保模板本身没有同名的成员函数。对于模板来说，不限定对 foo 的调用[比如，无需写成 SomeNamespace::foo( t )]或者自己具有同名成员函数，是非常关键的，因为这两种情况都会关闭 ADL，并因此防止名字查找在类型 T 所在名字空间中寻找函数。

- 记录自定义点。类型必须提供能够用给定参数调用的非成员函数 foo。

选择 1 和选择 2 的优点和适用性是相似的：使用者能够在一个地方为其类型编写自定义函数，而其他模板库也能够在该处使用它，这样就避免了编写许多小的适配代码，每个模板库一个。但是它们也有相应的缺点，即语义必须具有相当广泛的适用性，才能适应所有可能的使用（请注意，操作符尤其如此，这也是编写第 26 条的另一个原因）。

第三种选择是使用特化，这样模板将依赖于"类型已经特化（如果必要）了你提供的另一个类模板"这一事实：

```
// 选择3: 特化 SampleTraits<> 并提供一个 (通常是静态的) 具有给定
// 名字、签名和语义的函数,从而通过要求T提供foo函数的功能来
// 提供自定义点。
template<typename T>
void Sample3( T t ) {
    S3Traits<T>::foo( t );                  // S3Traits<>::foo 是一个自定义点
    typename S3Traits<T>::value_type x;     // 另一个例子: 提供查找一个类型 (通常通过typedef)
}                                           // 的自定义点
```

在选择 3 中，让使用者编写适配代码，确保了这个库的自定义代码与库的内部隔离开来。但是也存在相应的缺点，这样可能非常笨重；如果几个模板库都需要同样的功能，则使用者必须编写多个适配代码，每个库一个。

要实现这个选择，Sample3 的作者必须做到以下两点。

- 在模板自己的名字空间中提供默认类模板。不要使用函数模板，函数模板无法部分特化，而且会导致重载和顺序依赖（另见第 66 条）。

- 记录自定义点。使用者必须在模板库的名字空间为自己的类型特化 S3Traits，并记录所有 S3Traits 成员（比如 foo）及其语义。

无论做出哪种选择，都要清楚地记录 foo 所必需的语义，特别是 foo 必须保证的基本操作（即后条件），以及失败语义（即发生了什么，包括如果操作不成功，如何报告错误）。

如果自定义点对于内置类型也必须是可自定义的，那么应该使用选择 2 或者选择 3。

对于确实是类型提供服务的那些常见操作，应该使用选择 1 或者选择 2。对此有一种测试方法：其他模板库也能使用这一设施吗？而且这些是此名字一般所接受的语义吗？如果是的话，选择就可能是合适的。

对于其语义可能变化的不太常见的操作，应该使用选择 3。然后就可以愉快地让同样的名字在任何给定名字空间中表示需要的一切，而不会产生混淆和冲突（第 66 条的情形除外）。

具有多个自定义点的模板能够为每个自定义点选择不同的合适策略。关键在于必须为每个自定义点有意识地选择并准确地记录策略，记录需求，包括所希望的后置条件和失败语义，并正确地实现所选择的策略。

为了避免无意地提供自定义点，应该做到以下两点。

- 将模板内部使用的任何辅助函数都放入其自己的内嵌名字空间，并用显式的限定调用它们以禁用 ADL。在需要调用自己的辅助函数并传递一个模板参数类型的对象，而且该调用不应该是自定义点时（即始终希望调用自己的辅助函数，而不是其他函数），应该将辅助函数放入内嵌名字空间，并通过限定调用或者将函数名放入括号，来显式地关闭 ADL。

```
template<typename T>
void Sample4( T t ) {
  S4Helpers::bar( t );        // 禁用 ADL: bar不是自定义点
  (bar)( t );                 // 另一种方式
}
```

● **要避免依靠依赖名**。依赖名[①]不太正式的定义，是指因为某种原因而提到模板参数的一个名字。许多编译器不支持 C++标准所要求的依赖名的"两阶段查找"，而且这意味着使用依赖名的模板代码在不同编译器中将有不同的行为，除非在使用依赖名时代码小心地明确说明。存在依赖基类时需要特别注意，这往往出现在类模板从其模板参数之一继承（比如，template<typename T> class C : T {}; 中的 T），或者从"用其模板参数之一构造"的一个类型继承（比如，template<typename T> class C : X<T> {}; 中的 X<T>）。

　　简而言之，在引用依赖基类的任何成员时，应该总是用基类名或者 this-> 显式地进行限定，可以将此当作强制编译器按你的意图行事的一种奇妙方式：

```
template<typename T>
class C : X<T> {
  typename X<T>::SomeType s;         // 使用基类的内嵌类型或者typedef
public:
  void f() {
    X<T>::baz();                     // 调用基类成员函数
    this->baz();                     // 另一种方式
  }
};
```

　　C++标准库一般喜欢依靠选择 2（比如，在类型的名字空间中，ostream_iterator 查找 operator<<，而 accumulate 查找 operator+）。有些地方也使用了选择 3（比如，iterator_traits 和 char_traits），特别是在那些 traits 必须能够为内置类型而特化的时候。

　　糟糕的是，C++ 标准库没有清楚地指定一些算法的自定义点。例如，它明确说明 accumulate 的三参数版本必须调用使用者采用选择 2 的 operator+。但是它没有说清楚 sort 是否必须调用使用者的 swap（这样能够使用选择 2 提供一个有意的自定义点），是否可以调用使用者的 swap，还是根本就不调用任何 swap；现在，已经有一些 sort 的实现限制了使用者定义的 swap，当然并不是全部实现都如此。本条款的要点比较晚才为人所知，现在标准委员会正在删除标准中这些含混之处，修改目前不适当的规定。现在我们知之更深。要以史为鉴。不要再犯同样的错误。（更多的选择，见第 66 条。）

## 参考文献

[Stroustrup00] §8.2, §10.3.2, §11.2.4 • [Sutter00] §31-34 • [Sutter04d]

---

① 根据 C++标准，在模板中，有些构造的语义会随着不同的实例化而变化，这种构造依赖于模板参数，称为依赖名。也就是说，类型和表达式可以依赖于模板参数的类型和/或模板参数的值，而且这决定了一些名字查找的上下文。示例请参阅 C++标准 §14.6.2。另请参阅[Stroustrup00]§C.13.8.1。——译者注

# 第❻❻条
# 不要特化函数模板

## 摘要

只有在能够正确实施的时候，特化才能起到好作用：在扩展其他人的函数模板（包括 std::swap）时，要避免尝试编写特化代码；相反，要编写函数模板的重载，将其放在重载所用的类型的名字空间中（见第 56 条和第 57 条）。编写自己的函数模板时，要避免鼓励其他人直接特化函数模板本身（替代方法参见第 65 条）。

## 讨论

重载函数模板是没有问题的。重载解析对所有主要的模板都一视同仁，而且这正是它之所以能够像普通 C++函数重载那样工作的原因：重载解析会考虑所有可见的模板，而且编译器将只选择最佳的匹配。

糟糕的是，特化函数模板很不直观。这有两个基本原因。

- 不可能部分地特化函数模板，只能完全特化。看似部分特化的代码实际上只是重载而已。

- 函数模板特化决不能参与重载。所以，所编写的任何特化对使用哪个模板都将毫无影响，而这将与大多数人的自然预期背道而驰。毕竟，如果编写一个签名完全相同的非模板函数，而不是函数模板特化的话，所选中的将总是非模板函数，因为与模板相比，它始终被认为是更佳的选择。

如果要编写一个函数模板，应该将它编写成一个永远都不会被特化或者被重载的函数模板，并使用一个类模板来实现函数模板。这增加了一个著名的间接层，能够指导你很好地避开函数模板使用上的局限和死角。这样使用模板的程序员就能够随心所欲地部分特化和显式特化类模板，而不会影响函数模板期望的操作了。这很好地避免了函数模板无法被部分特化的限制以及有时候函数模板特化无法重载所导致的意外情况。问题由此迎刃而解。

如果正在使用其他人编写的没有使用以上技术的普通旧式函数模板（即没有使用类模板实现的函数模板），而且你想编写自己的应该参与重载的特殊版本，那么请不要将其编写成特化，要将其编写为重载非模板函数（另见第 57 条和第 58 条）。

## 示例

**例**　std::swap。基本的 swap 模板通过创建 a 的一个 temp（临时）副本，将 b 赋值给 a，并将 temp 赋值给 b 来实现两个值 a 和 b 的交换。怎样为你自己的类型扩展它呢？例如，在你自己的名字空间 N 中有一个自定义的类型 Widget：

```
namespace N {
  class Widget {/* ... */};
}
```

假定有更有效的办法交换两个 Widget 对象。要使其能够用于标准库，应该提供一个 swap 的重载（在 Widget 所在的名字空间中，见第 57 条）呢，还是直接特化 std::swap 呢？标准对此并没有明确规定，而且现有的做法之间差异也很大（见第 65 条）。如今，实践中在一些编译器上，正确的解决方式是在 Widget 所在的名字空间中提供一个重载版本。对于上面非模板的 Widget，可以：

```
namespace N {
  void swap( Widget&, Widget& );
}
```

但请注意如果 Widget 是一个模板：

```
namespace N {
  template<typename T> class Widget {/*...*/};
}
```

则特化 std::swap 是根本不可能的，因为没有函数模板部分特化这样的东西。我们所能做的最多是添加重载版本：

```
namespace ??? {
  template<typename T> void swap( Widget<T>&, Widget<T>& );
}
```

但是这是有问题的，因为，如果将其放入 Widget 所在的名字空间中，则许多编译器都将无法找到它，但是标准又禁止将其放在 std 名字空间中。这真是一个"第 22 条军规"[①]。如果标准规定了类型的名字空间中能够找到重载，或者允许在 std 中添加重载，或者（回到本条款的要点）规定 swap 要用能够部分特化的类模板实现，这个问题就不存在了。

## 参考文献

[Austern99] §A.1.4 • [Sutter04] §7 • [Vandevoorde03] §12

---

① 这个习语来源于美国小说家约瑟夫·海勒的同名名著，也是黑色幽默小说的代表作之一。小说中有一个所谓的第 22 条军规，其中规定，飞行员中只有疯子才能获准免于飞行，但必须由本人提出申请；同时又规定，凡能意识到飞行有危险而提出免飞申请的，属头脑清醒者，应继续执行飞行任务。第 22 条军规还规定，飞行员飞满上级规定的次数就能回国；但又规定，你必须绝对服从命令，要不就不准回国。因此上级可以不断给飞行员增加飞行次数，而你不得违抗。如此反复，永无休止。后来，这个词成为进退两难的同名词。——译者注

# 第 67 条
# 不要无意地编写不通用的代码

## 摘要

依赖抽象而非细节：使用最通用、最抽象的方法来实现一个功能。

## 讨论

编写代码时，尽可能使用最抽象的方法来完成任务。思考哪些操作对其所操作的接口造成的"能力紧张"最小。这种习惯能够使代码更加通用，从而重用性更高、更能灵活地适应其环境的变化。

与此相反，毫无道理地依赖细节的代码将是僵化而脆弱的。

- 使用 != 代替 < 对迭代器进行比较。使用!=更加通用，因而也适用于更大范围的对象；使用<需要排序，而只有随机访问迭代器才能实现 operator<。如果使用 operator!=的话，代码将能够很容易地"移植到"其他类型的迭代器上，比如前向迭代器（forward iterator）和双向迭代器（bidirectional iterator）。

- 使用迭代代替索引访问。大多数容器都不支持索引访问；例如，list 就无法高效地实现索引访问。但是所有容器都支持迭代器。迭代是一种更好的方法，因为它更通用，而且如果需要也可以与索引访问合用。

- 使用 empty()代替 size() == 0。"空和非空"是比"准确大小"更原始的概念。例如，可能无法知道一个流的大小，但是通常总是能够说出它是否为空，对于输入迭代器而言也是如此。有些容器，比如 list，能够很自然地、比 size 更加高效地实现 empty。

- 使用层次结构中最高层的类提供需要的功能。使用动态多态的类编程时，不要依赖于不需要的、绑定到具体派生类的细节。

- 编写常量正确的代码(见第 15 条)。以 const&为参数对调用代码的限制较小，因为 const&同样使用常量和非常量对象。

## 例外情况

在某些情况下，使用索引而不是迭代能够使编译器更好地进行优化。但是在这样做之前，请确认是否真地需要这种优化，以及编译器是否真地能够做到（见第 8 条）。

## 参考文献

[Koenig97] §12.7, §17-18 • [Meyers01] §4 • [Stroustrup00] §13, §17.1.1 • [Sutter04] §1, §5, §34

# 错误处理与异常

错误处理是一种困难的任务，为此程序员需要所能提供的一切帮助。

——Bjarne Stroustrup, [Stroustrup94] §16.2

编写无错的程序有两种方式，但是只有第三种才真正奏效。

——Alan Perlis

问题不在于我们是否会犯编程错误，而在于我们是否会安排编译器和工具寻找错误。

本部分记载了许多来之不易的智慧结晶和最佳实践，其中一些只有经历了多年大量的磨难之后才能获得。遵从这些规则和指导吧。谨守之。要编写出健壮、安全和可靠的软件，我们需要一切能够得到的帮助。

本部分中我们选出的最有价值条款是第 69 条：建立合理的错误处理策略，并严格遵守。

# 第 68 条
# 广泛地使用断言记录内部假设和不变式

## 摘要

使用断言吧！广泛地使用 assert 或者等价物记录模块内部（也就是说，调用代码和被调用代码由同一个人或者小组维护）的各种假设，这些假设是必须成立的，否则就说明存在编程错误（例如，函数的调用代码检查到函数的后置条件不成立）。（另见第 70 条。）当然，要确保断言不会产生任何副作用。

## 讨论

刻意寻找代码中的错误时，错误都很难发现；

如果已经认为代码没有错误了，那么错误就更难发现了。

——Steve McConnell

断言的强大怎么高估都不算过分。在一个项目的开发过程中，对于检查和调试编程错误来说，assert 宏及其替代方案比如编译时（以及不太可取的，运行时）的断言模板都是极为重要的工具。在所有这样的工具当中，它们的复杂性/有效性之比无疑是最高的。项目的成败至少部分取决于开发人员在代码中使用断言的有效性。

断言一般只会在调试模式下生成代码（在 NDEBUG 宏没有被定义时），因此在发行版本中它们是不存在的。所以尽管进行检查好了。但是千万不要在 assert 语句中编写具有副作用的表达式。在发行模式下，如果定义了 NDEBUG，则 assert 根本不会生成任何代码：

```
assert( ++i < limit );              // 糟糕：i 只在调试模式下才递增
```

按照信息论的原理，一个事件中所含的信息量与该事件发生的概率是成反比的。因此，如果 assert 触发[①]的可能性越低，它触发时所提供的信息量就越大。

要避免使用 assert(false)，应该使用 assert( !"informational message")。大多数编译器会在错误输出设备上中发送这个字符串，这一点很有用。还可以考虑在更复杂的断言中加入 && "informational message"，尤其是这样可以取代注释。

可以考虑定义自己的 assert。标准的 assert 宏终止程序的方式非常无礼，只是在标准输出设备上发送一条信息。而自己开发的环境可能会提供更强的调试功能；例如，允许自动启动一个交互式调试器。如果这样的话，可能需要定义自己的 MYASSERT 宏，并充分利用这种功能。在发行版本中保留大多数断言（不要出于性能原因而禁用检查，除非确实需要，见第 8 条）时，自定义断言宏也很有用，而且如果有能够区分不同"级别"断言（其中一些级别的断言能在发行模式下得以保留）的断言设施，好处将非常多。

---

① 此处触发指的是，当 assert 宏的条件参数值为假时，系统将输出诊断信息（所在源文件名和行号），然后调用 abort 退出。——译者注

如果程序设计语言有足够的表达力，那么断言经常可以检查能够在编译时验证的条件。例如，整个设计可能依赖于这样的条件：所有 Employee 都有一个非零的标识变量 id_。理想情况下，编译器会分析 Employee 的构造函数和成员，通过静态分析证明这一条件总是为真。这样的全知全能是不存在的，不过，需要确保 Employee 符合条件时，我们可以在 Employee 的实现中放入 assert( id_ != 0 )：

```
unsigned int Employee::GetID() {
    assert( id_ != 0 && "Employee ID is invalid (must be nonzero)" );
    return id_;
}
```

不要使用断言报告运行时错误（见第 70 条和第 72 条）。例如，不要用 assert 确保 malloc 成功执行、窗口成功创建或者线程成功启动。但是，可以用 assert 确保 API 函数的执行符合文档的记载。例如，如果你需要调用一个文档中记载的、应该总是返回正值的 API 函数，但是你怀疑它可能存在错误，那么可以在调用之后加入一个 assert，验证其后置条件。

用抛出异常代替断言是不可取的，虽然标准库的 std::logic_error 异常类最初就是为此目的而设计的。使用异常报告编程错误的主要缺点在于，我们并不真地希望这种情况下出现栈展开——我们只不过想在违反条件的那一行启动调试器，并保持该行状态不变而已。

总而言之：我们知道有些错误是可能会发生的（见第 69 条到第 75 条）。对于其他不应该发生的错误，如果发生了，就是程序员的过错，此时就该使用 assert 了。

## 示例

**例** 对基本假设应该使用 assert。我们都曾有过与"不可能触发"却触发了的断言有关的痛苦经历。每次都有人说："这个值肯定是正的！""那个指针显然不会为空！"。但请反复检查重言式（tautology）[①]：软件开发是复杂的，变化乃是常事，而在一个变化着的程序里什么事情都有可能发生。断言能够验证你现在确信"显然为真"的事情确实为真。对类型系统无法强制实施的重言式，应该使用 assert：

```
string Date::DayOfWeek() const {
    assert( day_ > 0 && day_ <= 31 );          // 不变式检查
    assert( month_ > 0 && month_ <= 12 );
    //……
}
```

## 参考文献

[Abrahams01b] • [Alexandrescu03b] • [Alexandrescu03c] • [Allison98] §13 • [Cargill92] pp. 34-35 • [Cline99] §10.01-10 • [Dewhurst03] 28 • [Keffer95] pp.24-25 • [Lakos96] §2.6, §10.2.1 • [McConnell93] §5.6 • [Stroustrup00] §24.3.7, §E.2, §E.3.5, §E.6 • [Sutter00] §47

---

[①] 逻辑学上重言式指的是由简单的叙述句所组成的肯定为真的陈述。此处指理应为真的断言条件。比如下例中的 day_ > 0 && day_ <= 31。——译者注

# 第⑥⑨条
# 建立合理的错误处理策略，并严格遵守

## 摘要

应该在设计早期开发实际、一致、合理的错误处理策略，并予以严格遵守。许许多多的项目对这一点的考虑（或者错误估计）都相当草率，应该对此有意识地规定，并认真应用。策略必须包含以下内容。

- 鉴别。哪些情况属于错误。
- 严重程度。每个错误的严重性或紧急性。
- 检查。哪些代码负责检查错误。
- 传递。用什么机制在模块中报告和传递错误通知。
- 处理。哪些代码负责处理错误。
- 报告。怎样将错误记入日志，或通知用户。

只在模块边界处改变错误处理机制。

## 讨论

从本条款开始，本节将集中讨论运行时错误的处理，这些错误并非因模块或子系统内部的编程问题所引起。（正如第 68 条中已经讨论的，应该用断言标记内部编程错误，而这些错误则完全是程序员的代码编写错误。）

确定应用程序和所有模块或子系统的完整错误报告和处理策略，并严格遵守。策略应该至少包含以下几点。

普适地。

- 错误鉴别。对每个实体（例如，每个函数、每个类、每个模块），记录该实体内部和外部的不变式。

对每个函数。

- 错误鉴别。对每个函数，记录它的前后置条件、它负有维护责任的不变式以及它所支持的错误安全性保证（见第 70 条和第 71 条）。尤其应该注意析构函数和释放函数必须总能将它们编写成支持不会失败保证，因为如果不这样的话，经常无法安全可靠地进行清理（见第 51 条）。

对每个错误（见第 70 条中"错误"的定义）。

- **错误的严重程度和分类**。为每个错误标明一个严重级别。最好为特定的错误分类和级别提供一种用于微调诊断的方法，这有助于远程用户协助。

- **错误检查**。对于每个错误，记载哪些代码将负责检查它，请遵循第 70 条中的建议。

- **错误处理**。对于每个错误，标明负责处理它的代码，请遵循第 74 条中的建议。

- **错误报告**。对于每个错误，标明合适的报告方法。这通常包括将错误记录在磁盘文件日志中、印制的日志中、电子转储传输中，在发生严重错误时，还可能使用并不方便而且令人讨厌的寻呼机传呼。

对每个模块。

- **错误的传递**。对于每个模块（请注意：是每个模块，而不是每个错误），标明使用什么编程机制传递错误（例如 C++异常、COM 异常、CORBA 异常、返回值）。

我们要强调的是，错误处理机制应该只在模块边界改变（见第 62 条和第 63 条）。每个模块都应该在其内部一致地使用一种错误处理策略和机制（例如，用 C++编写的模块应该在内部使用异常；见第 72 条），并在接口中一致地使用一种（可能是不同于内部所用的另一种）错误处理策略和机制（例如，模块可能会提供普通的 C 语言的 API，从而允许用各种编程语言编写调用代码，或者也可能会提供能够支持 COM 异常的 COM 封装）。

如果模块内外所使用的策略不同，则所有模块入口函数都要直接负责由内到外的策略转换。例如，在一个内部使用 C++异常，但是提供 C 语言的 API 边界的模块中，所有 C 语言的 API 必须用 catch(...)捕获所有异常并将其转换为错误代码。

特别要注意，按定义回调函数和线程主线函数是（或者可能是）位于模块边界。每个回调函数主体和线程主线函数主体都应该将内部错误机制转换为合适的接口错误策略（见第 62 条）。

## 参考文献

[Abrahams01b] • [Allison98] §13 • [McConnell93] §5.6 • [Stroustrup94] §16.2, §E.2 • [Stroustrup00] §14.9, §19.3.1 • [Sutter04b]

# 第 70 条
# 区别错误与非错误

## 摘要

违反约定就是错误：函数是一个工作单元。因此，失败应该视为错误，或根据其对函数的影响而定。在函数 f 中，当且仅当失败违反了 f 的一个前置条件，或者阻碍了 f 满足其调用代码的任何前置条件、实现 f 自己的任何后置条件或者重新建立 f 有责任维持的不变式时，失败才是一个错误。

这里我们特别排除了内部的程序设计错误（即调用代码和被调用代码都由同一个人或者同一个团队负责，比如位于一个模块中），这种错误一般可以使用断言来解决（见第 68 条）。

## 讨论

根据对函数的影响，而清楚地区别错误和非错误是非常关键的，对定义安全保证（见第 71 条）而言尤其如此。本条款中的关键词是前置条件（precondition）、后置条件（postcondition）和不变式（invariant）。

无论是用结构化的风格、面向对象风格还是泛型风格进行 C++ 编程，函数都是基本的工作单元。函数对其起始状态进行了假设（此假设将被记录在前置条件中，调用代码负责满足而被调用代码负责验证），并执行了一个或者多个操作（以其结果或者后置条件的形式记录，作为被调用代码的函数负责满足后置条件）。函数应该承担维持一个或者多个不变式的职责。特别是，一个非私有的会改变状态的函数按其定义是其对象的一个工作单元，而且必须将对象从一个有效的维持不变的状态转变成另一个有效的维持不变的状态；在该成员函数体中，对象的不变式可能会（而且几乎总是肯定会）被破坏，但这没有什么关系，只要在成员函数的最后它们能够被重新建立就行了。高层的函数通过组合多个低层的函数能够形成更大的工作单元。

错误就是阻止函数成功操作的任何失败。有三种类型。

- 违反或者无法满足前置条件。函数检测出自己的一个前置条件（比如一个参数或者状态约束）被违反，或者遇到一种情况，阻碍了它满足另一个必须调用的关键函数的前置条件。

- 无法满足后置条件。函数遇到了一种阻碍它建立自己的一个后置条件的情况。如果函数有一个返回值的话，生成一个有效的返回值对象就是一个后置条件。

- 无法重新建立不变式。函数遇到一种阻碍它重新建立自己负责维持的不变式的情况。这是一种特殊的后置条件，尤其适用于成员函数；每个非私有成员函数都必不可少的后置条件是，它必须重新建立其类的不变式（参阅 [Stroustrup00] §E.2）。

任何其他情况都不是错误，因此不应该报告为错误（见示例）。

可能产生错误的代码应该负责检查和报告错误。具体说来，调用代码在无法满足所调用的函数的前置条件（尤其是被调用代码在文档中记载了它将不检查的前置条件，比如 vector::operator[] 就不承诺对其参数进行范围检查）时，应该检查和报告。因为被调用函数不能依赖调用代码来保证行为正常，但是被调用函数仍然应该验证其前置条件，并通过发送一个错误来报告，如果函数处于模块内部（即只能从模块内部调用），则任何前置条件的违反按定义都是模块的编程错误，此时可以通过断言来报告（见第 68 条）。这就是所谓的防御性编程（defensive programming）。

关于指定函数的前置条件有一个警告要说：当且仅当有正当理由让所有调用代码在调用函数 f 之前检查和验证条件的有效性时，这个条件才应该是函数 f 的前置条件。例如，函数这样表述前置条件是错误的：只能通过进行函数自己的具体操作或者访问私有信息才能检查；这种工作仍然应该在函数中进行，而不应在调用代码中重复。

例如，接受一个含有文件名的 string 作为参数的函数通常不能将文件的存在作为前置条件，因为在调用代码没有对文件加锁的情况下，无法确保该文件一定存在（如果它们只检查文件是否存在而不对文件加锁的话，则在调用代码进行检查和被调用代码试图打开文件之间，另一个用户或者进程可能会删除或者重命名这个文件）。将文件的存在作为前置条件的正确方法是，要求调用代码打开文件，并将函数的参数设为一个 ifstream 或者等价物（这也会更加安全，因为它工作在更高的抽象层上，见第 63 条）而不是以原始的 string 形式传递一个孤零零的文件名。这样许多前置条件就可以被更强的类型化所替代，这将把原来的运行时错误变为编译时错误（见第 14 条）。

## 示例

例 1 std::string::insert（前置条件错误）。试图将一个新字符插入到一个 string 的某个特定位置 pos 时，调用代码应该检查 pos 是否是违反了在文档中所记载的参数需求的一个无效值；例如，pos > size()。如果没有有效的起点，insert 函数就无法成功地执行操作。

例 2 std::string::append（后置条件错误）。在 string 中追加字符时，如果现有的缓冲区已满，而又没有成功地分配新的缓冲区，那么将阻止操作成功地执行其在文档中所记载的函数并满足其在文档中所记载的后置条件，因此这是一个错误。

**例 3**   无法生成返回值（后置条件错误）。对于要返回值的函数，生成一个有效的返回值对象就是后置条件。如果返回值不能被正确地创建（比如，函数返回一个 double，但是结果所要求的数学属性并没有 double 值），那么这就是一个错误。

**例 4**   std::string::find_first_of（在 string 的上下文中不是错误）。在 string 中查找字符时，找不到该字符是一种合理的结果，而不是错误。至少，对于通用 string 类而言这不是一个错误。但是，如果给定的 string 的属主认为该字符应该存在，但实际上不存在，那么根据更高层的不变式可知，这是一个错误，此时，高层调用代码应该正确地报告一个关于其不变式的错误。

**例 5**   同一函数中的不同错误情况。如今尽管硬盘的可靠性在不断地提高，但是传统上写硬盘的操作还是会出现预期错误的。如果要设计一个 File 类，在同一个函数 File::Write( const char* buffer, size_t size )中，要求 buffer 非空，并以写方式打开文件，那么可能会决定做以下工作。

- 如果 buffer 为 NULL：报告一个有关违反前置条件的错误。

- 如果 File 是只读的：报告一个有关违反前置条件的错误。

- 如果写入不成功：报告一个有关违反后置条件的错误，因为函数无法实现承诺要完成的操作。

**例 6**   同一情况的不同状况。同样的情况，对于一个函数来说可能是有效的前置条件，但对另一个函数来说可能就不然了；选择取决于函数的作者，因为他指定了接口的语义。比如，std::vector 提供了两种执行索引访问的方法：不进行边界检查的 operator[]，和进行边界检查的 at。这两种方法都要求参数不能越界这一前置条件。因为并不要求 operator[]验证其参数，也不要求使用无效参数能够安全调用，因此必须在文档中记载，调用代码需要单独负责确保参数在有效范围之内；因此，operator[]这个函数并不安全。另一方面，文档中已经说明，即使存在无效参数，at 也会安全行事，而且，如果发现参数超出了范围，at 也会报告一个错误（通过抛出 std::out_of_range）。

## 参考文献

[Abrahams01b] • [Meyer00] • [Stroustrup00] §8.3.3, §14.1, §14.5 • [Sutter04b]

# 第71条
# 设计和编写错误安全代码

## 摘要

承诺，但是不惩罚：在所有函数中，都应该提供最强的安全保证，而且不应惩罚不需要这种保证的调用代码。至少要提供基本保证。

确保出现错误时程序会处于有效状态。这是所谓的基本保证（basic guarantee）。要小心会破坏不变式的错误（包括但是不限于泄漏），它们肯定都是 bug。

应该进一步保证最终状态要么是最初状态（如果有错误，则回滚操作），要么是所希望的目标状态（如果没有错误，则提交操作）。这就是所谓的强保证（strong guarantee）。

应该进一步保证操作永远不会失败。虽然这对于大多数函数来说是不可能的，但是对于析构函数和释放函数这样的函数来说则是必须的。这就是所谓的不会失败保证（no-fail guarantee）。

## 讨论

基本保证、强保证和不会失败（也称为不抛出）保证最早是文献 [Abrahams96] 中提出的，并在 [GotW]、[Stroustrup00] §E.2 和 [Sutter00] 有关异常安全的论述中公诸于众。它们适用于所有错误处理，无论使用什么具体方法，因此我们将使用它们一般性地叙述错误处理的安全性。不会失败保证是强保证的严格超集，而强保证基本是保证的严格超集。

一般而言，每个函数都应该尽可能地提供最强保证，而且不能无必要地惩罚不需要此保证的调用代码。只要可能，它应该进一步提供足够的功能以允许需要更强保证的调用代码获得这种保证（见"示例"中 vector::insert 一例）。

理想情况下，我们编写的是总能成功的函数，所有可以提供不会失败保证。有些函数必须始终提供不会失败保证，尤其是析构函数、释放函数和交换函数（见第 51 条）。

但是，大多数函数都会失败。当有可能出现错误时，最安全的方法就是确保函数支持事务性的行为：要么就完全成功，将程序从初始的有效状态转到期望的目标有效状态，要么就失败，让程序保持调用前的状态不变，即任何对象的可见状态在调用失败之前与调用失败之后都是一样的

（比如，一个全局 int 的值不会从 42 变成 43），在调用失败之前调用代码能够执行的任何操作，在调用失败之后仍然能够保持原有语义执行（比如，不会使任何容器的迭代器无效，对前面提到的全局 int 的值执行 ++ 操作仍然会得到 43，而非 44）。这就是强保证。

最后，如果提供强保证很困难或者过于昂贵，那就提供基本保证：要么函数完全成功，达到期望的目标状态，要么无法完全成功，让程序处于一个仍然有效（保持函数知道而且负责保持的不变式）但是不可预测（可能是初始状态，也可能不是，可能能满足所有后置条件，也可能只能满足其中一些，还有可能完全不能满足；但是要注意的是必须重新建立所有的不变式）的状态。应用程序的设计必须为正确地处理该状态做好准备。

就这些了，不存在更低的层次。如果无法满足最低的基本保证，那么无疑是一个程序 bug。正确的程序中所有函数都至少要满足基本保证，甚至有少数特殊的正确程序设计会故意泄漏资源，尤其是在程序马上就要中止的情况下，之所以这么做是因为知道所泄漏的资源会被操作系统回收。除非错误非常严重，以致于只能选择正常终止或者非正常终止，否则应该总是合理地构造代码，即使在出现错误的情况下，程序也能正确地释放资源，数据也能处于一致的状态。

在决定应该支持哪种保证时，还要考虑版本问题：在未来的版本中加强保证总是很容易的，而以后要减弱保证则将破坏要依赖于更强保证的调用代码。

请记住，"错误不安全"和"糟糕设计"是形影不离的：如果一段代码连基本保证都很难满足，那么这几乎就是说明设计很糟糕。例如，如果函数要承担多个互不相关的职责，那就很难做到错误安全的（见第 5 条）。

如果复制赋值操作符要依赖于自赋值检查才能正确运行，那么就要小心了。错误安全的复制赋值操作符对于自赋值自动就是安全的。使用自赋值检查作为一种优化以避免不需要的工作，是很好的（见第 55 条）。

## 示例

例 1　在失败后重试。如果程序中包含一条能够将数据存入文件的命令，但是写入操作失败了，那么要确保能恢复到调用代码能够重试操作的状态。特别是，不要在数据安全地存入硬盘之前释放任何数据结构。例如，我们知道的一个文本编辑程序就不允许在写入发生错误之后修改要保存的文件名，这是为了以后恢复而选择的次优状态。

**例 2** 皮肤[①]。如果要编写一个可换皮肤的应用程序，不要在试图装载新的之前销毁原有的皮肤。否则如果装载新的失败，则应用程序可能会处于一个不可用的状态。

**例 3** std::vector::insert。因为 vector<T> 的内部存储是连续的，所以在中间插入一个元素需要将一些已有的值移动一个位置，为新元素腾出空间。这种移动是使用 T::T(const T&) 和 T::operator= 完成的，如果这两个操作之一可能会失败（通过抛出异常）的话，那么能够使 insert 提供强保证的惟一方法就是完整地复制容器，对副本执行操作；如果操作成功，则使用不会失败的 vector<T>::swap 交换原容器和副本的状态。

但是，如果每次这些都是由 insert 完成的话，那么 vector::insert 的所有调用代码都要承担完整复制容器所带来的空间与性能上的代价，无论是否需要强保证。这种高昂代价显然是不必要的。其实，需要强保证的那些调用代码能够自己完成这些任务，而且有充足的工具供它们使用。（最好的情况是，安排好容器中存放的类型，不让其复制构造函数或者复制赋值操作符抛出异常。最坏的情况是，完整复制，在副本中执行插入操作，然后在操作成功后将副本与原容器交换。）

**例 4** 取消卫星发射。考虑函数 f，它的功能之一是发射卫星，它所使用的 LaunchSatellite 函数提供强保证或者不会失败保证。如果 f 能够在发射卫星之前完成所有可能失败的任务，则可以将其编写成能够提供强保证的函数。但是，如果 f 在已经执行发射之后还必须执行其他可能失败的操作，那么它就无法提供强保证，因为它无法再将卫星拽回来。（无论如何，这样的 f 可能应该分成两个函数，因为一个函数可能不应该尝试完成多项这么重要的任务，见第 5 条。）

## 参考文献

[Abrahams96] • [Abrahams01b] • [Alexandrescu03d] • [Josuttis99] §5.11.2 • [Stroustrup00] §14.4.3, §E.2-4, §E.6 • [Sutter00] §8-19, §40-41, §47 • [Sutter02] §17-23 • [Sutter04] §11-13 • [Sutter04b]

---

① 在软件开发中，皮肤（skin）是指软件或者网站中能够应用的适合不同用户口味的自定义图形外观。具有皮肤功能的软件常称为"可换皮肤的（skinnable）"。如今，越来越多的软件具有了皮肤功能，常见的如各种主流 MP3 播放器。——译者注

# 第72条
# 优先使用异常报告错误

## 摘要

出现问题时，就使用异常：应该使用异常而不是错误码来报告错误。但不能使用异常时，对于错误以及不是错误的情况，可以使用状态码（比如返回码，errno）（见第 62 条）来报告异常。当不可能从错误中恢复或者不需要恢复时，可以使用其他方法，比如正常终止或者非正常终止。

## 讨论

在过去的 20 年中开发的大多数现代语言都采用异常作为自己的主要错误报告机制，这并不是一种巧合。按定义粗略地说，异常就是为了报告正常处理的异常情况，也称为"错误"，第 70 条中定义为前置条件、后置条件和不变式的违反。与所有错误报告一样，异常不应该在正常的成功操作期间出现。

我们将使用"状态代码"这个术语涵盖通过代码报告状态的各种形式（包括返回码 errno、GetLastError 函数和其他返回或者获取代码的方法），而"错误码"则专门用于表示报告错误的状态代码。在 C++中，和通过错误码报告相比，通过异常报告错误有许多明显的优势，这些优势都能够使代码更加健壮。

- 异常不能不加修改地忽略。错误码最糟糕的弱点在于，它们默认时是被忽略的；而即使对错误码最低限度的处理，也需要显式地编写代码来接受错误并做出相应反应。程序员由于不注意或者偷懒而对错误码不加处理是非常常见的。这使代码审查更加困难。异常则不能被不加修改地忽略；要忽略异常，必须显式地捕获它[即使只是通过 catch(...) ]，之后才能选择不对其进行操作。

- 异常是自动传播的。错误码默认时不会跨越作用域传播，要让高层的调用函数知道低层的错误码，编写中间代码的程序员必须显式地手写代码传播错误。而异常则是自动跨作用域传播的，直到得到处理为止。（"试图使每个函数都成为防火墙并不是什么好主意。"[Stroustrup94, §16.8]。）

- 有了异常处理，就不必在控制流的主线中加入错误处理和恢复了。错误码的检查代码和处理代码（如果编写了），肯定会散布于（因此会弄乱）控制流的主线中。这会使主控制流和错误处理代码更加难于理解和维护。异常处理很自然地将错误检查和恢复都放进了独立的 catch 代码块；也就是说，它使错误处理变得清晰有形，不再是内嵌的大杂烩了。这能够使控制主线更加易于理解和维护，清晰地将正确的操作与错误检查和恢复分开，决不仅仅只是更加美观。

● 对于从构造函数和操作符报告错误来说，异常处理要优于其他方案。复制构造函数和操作符的签名是预定义的，没有为返回码预留。特别是，构造函数根本就没有返回类型（连void 都没有），例如每个 operator+操作符都必须恰好有两个参数，并返回一个（指定类型的，见第 26 条）对象。对于操作符来说，使用错误码虽然不能令人满意，但至少是可行的；它需要类似于 errno 的方法，或者采用一种更差的方法，如用对象将状态封装起来。对于构造函数，使用错误码是不可行的，因为 C++语言将构造函数异常和构造函数失败紧紧地绑定在了一起，所以两者无疑是同义的。如果我们改而使用一个类似于 errno 方法，比如：

```
SomeType anObject;                      // 构造一个对象
if( SomeType::ConstructionWasOHT() ) {  // 测试构造是否行得通
  //……
```

那么所得到的结果不仅难看，容易出错，而且会产生无法真正满足其类型不变式的非法对象，因为这种方法根本就不会管多线程应用程序里调用 SomeType::ConstructionWasOk 时会自动产生的竞争条件（参阅 [Stroustrup00] §E.3.5）。

异常处理潜在的主要缺点在于，它要求程序员必须熟悉一些会反复遇到的惯用法，这些惯用法来源于异常的特殊控制流。例如，析构函数和释放函数绝对不能失败（见第 51 条），而且在出现异常时必须保证中间代码是正确的（见第 71 条和本条参考文献）。为了满足后一个要求，一个常见的编程惯用法就是先执行所有可能安全地发出异常的工作，然后，只在知道真正的工作成功后，才使用提供不会失败保证（见第 51 条并参阅 [Sutter00] §9-10, §13）的操作提交和修改程序状态。但是使用错误码也有自己的惯用法，这些惯用法出现的时间更早，因此知道的人也更多，但是很不幸，人们通常还是会忽略它们。使用时千万当心。

性能通常不是异常处理的缺点。首先，请注意应该总是打开编译器的异常处理，即使默认是关闭的，否则就无法获得 C++语言操作（比如 operator new）和标准库操作（比如 STL 容器插入）的标准行为和错误报告（见本条例外情况）。

[旁注：打开异常处理可能是可以实现的，然而打开它会增加可执行映像的大小（这是不可避免的），但是在没有异常抛出的情况下，所带来的性能开销为零或者接近于零，有些编译器确实如此。但另一些编译器确实会由此带来开销，尤其是在提供安全模式以防止恶意代码通过缓冲区溢出攻击异常处理机制的时候。无论是否会带来开销，都应该打开编译器对异常处理的支持，不然，语言和标准库将不能正确地报告错误。我们之所以要提到这一点，是因为许多项目都关闭了异常处理，而这是影响深远的基本决策，除非别无选择（但也还是要万分小心），否则不要这样做（见本条例外情况）。]

打开编译器对异常处理的支持之后，正常处理中（没有发生错误的情况下）抛出异常和返回错误码之间的性能差异一般可以忽略不计。在的确发生了错误时，也许能注意到存在的性能差异，但如果抛出异常非常频繁，以致于对异常抛出和捕获进行处理的性能开销非常明显，那么几乎能肯定你在并非真正出现错误的情况下使用了异常，所以问题出在没有正确地区别错误与非错误（见第 70 条）。如果的确出现了违反前后置条件以及不变式的错误，而且错误的出现还非常频繁，那么应用程序肯定存在相当严重的问题。

错误码使用过度的一个标志就是，应用程序需要不断地检查各种琐细的为真条件，或者（更糟糕地）不检查应该检查的错误码。

异常使用过度的一个标志就是，应用程序代码频繁地抛出和捕获异常，以致于 try 代码块成功与失败的次数是同一数量级的。这样的 catch 代码块要么没有处理真正的错误（违反了前置条件、后置条件和不变式的错误），要么说明程序存在严重问题。

## 示例

例 1　构造函数（不变式错误）。如果构造函数无法成功创建其类型的对象，也就相当于它无法建立新对象的不变式，它就应该抛出异常。反而言之，如果构造函数抛出异常，就说明对象的构造失败了，对象的生命周期从未开始；这是 C++语言强制实施的。

**例2** 成功的树递归查找。用递归算法查找一棵树时，将查找结果作为异常抛出，以返回结果（并方便地展开查找栈），这种做法看上去很诱人。但是切莫为之：异常意味着错误，而找到结果不是错误（参阅[Stroustrup00]）。（当然，还要注意在查找函数这一情况里，没有找到结果也不算错误，见第 70 条中的 find_first_of 示例。）

另见第 70 条中的示例，用"抛出异常"代替"报告错误"。

## 例外情况

在极罕见的情况下，如果能够肯定以下两点为真，就可以考虑使用错误码。

- 异常的优点不适用。例如，已知直接的调用代码几乎总是必须马上处理错误，因此决不会或者几乎不会发生异常传播。这非常罕见，因为通常被调用代码了解到的有关它的所有调用代码的这些特性信息并不多。

- 抛出异常与使用错误码的实测性能差异比较明显。也就是说，性能差异是实际测出的，这很可能是因为你在循环的内部，而且需要经常抛出异常。后一种情况比较罕见，因为这通常意味着该情况根本就不是真的错误，不过还是假设它是好了。

在非常罕见的情况下，一些硬实时[①]项目可能会遇到压力而考虑完全关闭异常处理，因为编译器异常处理机制的时间保证最差，一些关键操作很难或者不可能满足必须的时间要求。当然，关闭异常处理就意味着 C++语言和标准库将不会以标准方式报告错误（或者在某些情况下根本就不报告错误，请参阅编译器文档），项目自己的错误报告机制也只能基于错误码。这样做是极不可取的，应该在别无选择的情况下才采用，其严重程度怎么说都不为过；在进行决策之前，要详细分析如何从构造函数和操作符中报告错误，分析这种机制将如何在所用的编译器上运作。如果在认真深入的分析之后，仍然认为确实不得不关闭异常处理，那么也不要在整个项目范围内这样做：只在尽可能少的模块中这样做，尝试尽量将这种时间敏感的关键操作集中在一个模块中，会有所帮助。

## 参考文献

[Alexandrescu03d] • [Allison98] §13 • [Stroustrup94] §16 • [Stroustrup00] §8.3.3, §14.1, §14.4-5, §14.9, §E.3.5 • [Sutter00] §8-19, §40-41, §47 • [Sutter02] §17-23 • [Sutter04] §11-16 • [Sutter04b]

---

① 指响应时间要求非常严格的系统，比如心脏起搏仪。——译者注

# 第 73 条
# 通过值抛出，通过引用捕获

## 摘要

学会正确捕获（catch）：通过值（而非指针）抛出异常，通过引用（通常是 const 的引用）捕获异常。这是与异常语义配合最佳的组合。当重新抛出相同的异常时，应该优先使用 throw;，避免使用 throw e;。

## 讨论

在抛出异常时，要通过值抛出对象。要避免抛出指针，因为如果抛出指针，就需要处理内存管理问题。抛出指向栈分配的值的指针是不可行的，因为在指针到达调用处之前栈还没有展开。虽然抛出指向动态分配内存的指针是可行的[如果要报告的错误不是以"out of memory"（内存不足）开始的]，但是这样就将释放内存的负担放在了捕获处。如果觉得确实必须抛出指针，那么可以考虑抛出一个类似值的智能指针，比如用 shared_ptr<T> 代替普通的 T*。

通过值抛出可以说是"集人间宠爱于一身"，因为这时编译器本身将负责管理异常对象的内存这一复杂过程。我们所需要操心的就是保证为异常类实现不抛出的复制构造函数（见第 32 条）。

除非要抛出的是智能指针（这已经增加了要保持多态的间接性），否则通过引用捕获异常就是惟一可行的好办法。通过值捕获普通值将在捕获处引起切片问题（见第 54 条），这会粗暴地去除通常至关重要的异常对象的多态性。通过引用捕获则能够保持异常对象的多态性。

在重新抛出异常 e 时，应该只写成 throw; 而不是 throw e;，因为第一种形式总是能够保持重新抛出对象的多态性。

## 示例

**例**　重新抛出一个修改过的异常。应该使用 throw;重新抛出：

```
catch( MyException& e ) {                         // 通过非常量的引用捕获
  e.AppendContext("Passed through here");         // 修改
  throw;                                          // 重新抛出修改过的对象
}
```

## 参考文献

[Dewhurst03] §64-65 • [Meyers96] §13 • [Stroustrup00] §14.3 • [Vandevoorde03] §20

# 第**74**条
# 正确地报告、处理和转换错误

## 摘要

什么时候说什么话：在检查出并确认是错误时报告错误。在能够正确处理错误的最近一层处理或者转换每个错误。

## 讨论

只要函数检查出一个它自己无法解决而且会使函数无法继续执行的错误，就应该报告错误（比如编写 throw）（见第 70 条）。

我们需要具备的处理错误的知识包括在错误策略中定义的保证错误不跨越块边界（如在 main 和线程的 mainline 中，见第 62 条）和吸收析构函数和释放操作中出现的错误。只有具备了这些知识，才能够正确地处理错误（比如编写 catch，不再重新抛出同样的或者另一个异常，或者发送另一种错误码）。

在以下情况下转换错误（比如编写 catch，不再重新抛出不同的异常，或者发送另一种错误码）。

● 要添加高层的语义。例如，在一个字处理应用程序中，Document::Open 能够接受一个低层的不希望出现的文件结束错误，并将它转换为一个文档无效或者被破坏错误，以添加一些语义信息。

● 要改变错误处理机制。例如，在一个内部使用异常但是其 C 语言的 API 的公用边界报告错误码的模块中，边界 API 将捕获一个异常并发送一个相对应的、调用代码能够理解的错误码，这个错误码将履行模块的约定。

如果没有足以对错误做有用处理的上下文，代码就不应该接受错误。如果函数自己不准备处理（或者转换，或者谨慎地吸收）错误，那么它应该允许或者使错误向上传播到能够处理它的调用代码。

## 例外情况

接受并且再次发送（比如 catch 并重新抛出）同样的错误以添加测试代码有时候是有用的，虽然错误实际上并没有得到处理。

## 参考文献

[Stroustrup00] §3.7.2, §14.7, §14.9 • [Sutter00] §8 • [Sutter04] §11 • [Sutter04b]

# 第75条
# 避免使用异常规范

## 摘要

对异常规范说不[①]：不要在函数中编写异常规范，除非不得以而为之（因为其他无法修改的代码已经使用了异常规范，见本条例外情况）。

## 讨论

简而言之，不要沾惹异常规范。即使是专家级程序员也不应该。异常规范的主要问题在于，它们只不过"有些像"类型系统的一部分，它们的行为与大多数人所想像的都不同，而且它们实际所做的几乎总是与我们想要的不符。

除少数情况外，异常规范并不是函数类型的一部分。它们构成了一种不真实的类型系统，在其中编写异常规范有许多不同的情况。

- 非法的：在一个函数指针的 typedef 中。[②]

- 允许的：除没有 typedef 外，上述完全相同的代码中。[③]

- 必需的：在某些虚函数的声明中，这些虚函数改写了具有异常规范的基类虚函数。

- 隐式且自动的：在编译器隐式生成的构造函数、赋值操作符和析构函数的声明中。

一种很常见但不正确的看法是，异常规范能够静态地保证函数只抛出规范所列的异常（可能为空），从而使编译器能够基于这种信息实施优化。

事实上，异常规范真正的作用与此有一些小的差异，但这些差异却是本质上的：它们会使编译器在函数体周围以隐式的 try/catch 块的形式增加运行时开销，从而通过运行时检查强制函数确实只抛出所列的异常（可能为空），除非编译器能够静态地证明绝对不能违反异常规范，只有在这种情况下它才可以自由地优化掉动态检查。异常规范既能促使编译器进一步优化，也能阻止编译器进一步优化（除了前面已经提到过的固有开销外）；例如，有些编译器就拒绝内联具有异常规范的函数。

然而最糟糕的，还在于异常规范是一种并不灵活的工具：如果违反，默认情况下会马上终止程序。当然，可以注册一个 unexpected_handler，但它极有可能帮不上什么忙，因为只有一个全局处理函数[④]，而它避免立即调用 terminate 的惟一方法是，重新抛出一个异常规范所允许的异常。

---

① 原文为 Take exception to these specifications，英文字面意思是"因这些规范而生气，对规范不满"。——译者注
② 指 typedef int (*pf)() throw(int); 这样的情况。——译者注
③ 指 int (*pf)() throw(int); 这样的情况。——译者注
④ 指 std::unexpected()函数，也就是下文中的惟一全局处理函数。默认时调用 terminate()。——译者注

可是，整个程序只有一个处理函数，很难看出在不完全忽略异常规范的情况下，它能怎样进行有用的恢复或者知道哪些异常是合法的（例如，有的规范要求所有异常规范允许某个通用的 UnknownException（未知异常），遵循这样的规范将使异常规范本来可能具有的任何优点都化为乌有）。

　　一般而言，无法为函数模板编写出有用的异常规范，因为一般无法说清它们所操作的类型可能抛出哪些异常。

　　为强制实施几乎完全无用的异常规范（因为一旦违反，结果将是无可挽回的）而付出性能开销，是不成熟劣化（见第 9 条）的极佳例子。

　　本条所述的问题并没有简单易行的解决办法。特别是，即便改用静态检查，这个问题也无法轻易地解决。人们经常建议将动态检查的异常规范改为静态检查，就像 Java 以及其他语言中所提供的那样。简单地说来，这只不过是在拆东墙，补西墙而已；具有静态检查异常规范的语言的使用者好像也这样经常建议转而使用动态检查。

## 例外情况

　　如果不得不改写已经使用了异常规范的基类虚拟函数（比如，std::exception::what），而且又不能修改基类删去异常规范（或者说服基类的维护者删去），那么就只能在改写函数中写一个兼容的异常规范，同时应该尽量使其限制不少于基类版本，这样可以最大限度地减少违反异常规范的频率：

```
class Base {//...              // 在别人编写的一个类中
  virtual f() throw( X, Y, Z );  // 作者使用了异常规范
};                             // 如果无法让他删去的话……
class MyDerived : public Base {// ...  // ……那么在自己的基类改写类中
  virtual f() throw( X, Y, Z );  // 必须有一个兼容的
};                             // （完全一样更好）异常规范
```

　　[BoostLRG]的经验表明：非内联函数中使用不抛出任何异常的异常规范（即：throw()）"在某些编译器上可能有一些好处。"世界上最受尊敬而且设计最为精巧的 C++库与我们英雄所见略同，这可不是巧合。

## 参考文献

[BoostLRG] • [Stroustrup00] §14.1, §14.6 • [Sutter04] §13

# STL：容器

*如果需要容器，默认时应使用 vector。*

——Bjarne Stroustrup, [Stroustrup00]§17.7

我们已经知道应该使用标准容器代替手写的容器。但是应该使用哪个容器呢？在容器中应该（和不应该）存储什么，为什么？怎样填充容器？有哪些必须知道的惯用法？

本部分将讨论这些问题的答案，当然还有更多其他内容。本部分的前三个条款都包含"使用 vector……"这样的字眼。

本部分中我们选出的最有价值条款是第 79 条：在容器中只存储值和智能指针。对此我们还要加上一条：如果使用[Boost]和[C++TR104]找不到其他原因，就因为 shared_ptr 也应该使用。

## 第❼❻条
## 默认时使用 vector。否则，选择其他合适的容器

**摘要**

使用"正确的容器"才是正道：如果有充分的理由使用某个特定容器类型，那就用好了，因为我们心中有数：自己做出了正确的选择。

使用 vector 同样如此：如果没有充分理由，那就编写 vector，继续前进，无需停顿，我们同样心中有数：自己做出了正确的选择。

**讨论**

对于一般意义上的程序设计，尤其是容器的选择，有以下三个基本议题以及相关问题。

- 编程时正确、简单和清晰是第一位的（见第 6 条）。尽量选择能使我们编写出最清晰的代码的容器。例如：如果需要在某个特定位置插入，就应该使用序列容器（如 vector、list）。如果需要随机访问迭代器，就应该使用 vector、deque 或者 string。如果需要字典式的查找，比如 c[0] = 42;，就应该使用关联容器（如 set、map），但是如果需要有序的关联容器，则不能使用基于散列（非标准的 hash_...或者标准的 unordered_...）的容器。

- 编程时只在必要时才考虑效率（见第 8 条）。如果已经证实查找速度是关键的考虑因素，那么应该根据实际性能数据，优先使用基于散列（非标准的 hash_...或者标准的 unordered_...）的容器，然后考虑使用有序的 vector，再后是 set 或 map，一般是依此顺序考虑。尽管如此，也只是在容器足够大以致于能够忽略常数因子时，算法复杂性[①]上的差异（比如线性时间还是对数时间，见第 7 条）才会显现出来。对于保存 double 这样的小对象的容器来说，在容器大小超过几千个元素之前，这种差异都不会出现。

- 尽可能编写事务性的、强错误安全的代码（见第 71 条），而且不使用失效对象（见第 99 条）。如果插入和删除元素需要事务性的语义，或者需要尽量减少迭代器失效，则应该优先使用基于节点的容器（例如 list、set 和 map）。

其他方面，应该遵循标准中的建议："默认情况下，应该使用的序列类型是 vector。"（[C++03]§23.1.1）[②]

如果对这个建议心存疑虑，可以问自己这样的问题：是否真的有令人信服的理由不去使用惟一能够保证以下所有性质的标准库容器。vector 有如下性质。

---

[①] 原文为 big-Oh，即所谓大 O，数学中指用另一更简单的函数描述某函数数量级的渐进上限。计算机科学中用来描述算法复杂性。——译者注

[②] 标准对其他序列类型的建议如下：list 应该用于会在序列中间频繁插入和删除的场合。deque 是插入和删除大部分都在序列开始或者结束处进行时应该选择的数据结构。——译者注

- 保证具有所有容器中最低的空间开销（每个对象只需 0 字节）。

- 保证具有所有容器中对所存放元素进行存取的速度最快。

- 保证具有与身俱来的引用局部性（locality），也就是说容器中相邻对象保证在内存中也相邻，这是其他标准容器都无法保证的。

- 保证具有与 C 语言兼容的内存布局，这与其他标准容器也不同（见第 77 条和第 78 条）。

- 保证具有所有容器中最灵活的迭代器（随机访问迭代器）。

- 几乎肯定具有最快的迭代器（指针，或性能相当的类，在非调试模式下迭代器类经常可以被编译成与指针具有相同的速度），比其他所有容器的迭代器都快。

还有什么理由不在默认时使用这一容器吗？如果确实有理由，而且是因为你对本条中最开始提出的三个问题所做出的回答，那么非常好，完全没有问题——那就使用其他容器好了，我们心中有数：自己做出了正确的选择。如果没有找到理由，那就编写 vector，继续前进，无需停顿，我们同样心中有数：自己做出了正确的选择。

最后，应该优先使用标准库的容器和算法，而不是特定于厂商的或手工编写的代码。

## 示例

**例**　将 vector 用于小型列表。只是因为"对列表操作（比如在序列中间插入）显然应该使用 list 类型"就使用 list，是一种常见的错误。将 vector 用于小型列表几乎总是优于使用 list。即使在序列中间插入对 vector 而言是线性时间操作，而对 list 而言是常数时间操作，但当容器相对较小时，vector 仍然总是优于 list，因为它的常数因子更小，而 list 的算法复杂性上的优势在数据量更大时才能发挥作用。

这里，应该坚决使用 vector，除非数据量决定了需要另一种选择（见第 7 条），或者因为强安全保证是必不可少的，而且所存放类型的复制构造函数和复制赋值操作符可能会失败（list 能够对这些类型集合的插入操作提供强安全保证，在此情况下，这一点有可能非常重要）。

## 参考文献

[Austern99] §5.4.1 • [C++03] §23.1.1 • [Josuttis99] §6.9 • [Meyers01] §1-2, §13, §16, §23, §25 • [Musser01] §6.1 • [Stroustrup00] §17.1, §17.6 • [Sutter00] §7, §20 • [Sutter02] §7

# 第77条
# 用 vector 和 string 代替数组

## 摘要

何必用贵重的明代花瓶玩杂耍呢？不要使用 C 语言风格的数组、指针运算和内存管理原语操作实现数组抽象。使用 vector 或者 string 不仅更轻松，而且还有助于编写更安全、伸缩性更好的软件。

## 讨论

毋庸置疑，在当今软件中缓冲区溢出和安全缺陷是罪魁祸首。固定长度的数组所带来的愚蠢限制，即使仍在正确界限内，也是软件开发人员的一大困扰。这些问题中大多数都是使用原始 C 风格设施（比如内置数组、指针和指针运算以及手工内存管理）代替缓冲区，向量或字符串等高层概念所引起的。

应该使用标准设施代替 C 风格数组，部分理由如下。

- 它们能够自动管理内存。不再需要"比任何合理长度更长"的固定缓冲区（这称为"定时炸弹"可能更准确），也不再需要胡乱进行的内存重新分配和指针调整。
- 它们具有丰富的接口。可以轻松明确地实现复杂功能。
- 它们与 C 的内存模型兼容。vector 和 string::c_str 都可以传递给 C 语言的 API，当然在读和写模式下都可以。特别值得一提的是，vector 是 C++通向 C 和其他语言的通道（见第 76 条和第 78 条）。
- 它们能够提供更大范围的检查。标准设施所能实现的（在调试模式下）迭代器和索引操作符，能够暴露很大范围类型的内存错误。目前许多标准库实现都提供了这种调试设施，所以用它们吧！（请马上跳到，可不是翻到，第 83 条。）
- 它们支持上述特性并未牺牲太多效率。事实上，在发行模式下，如果效率和安全性不能兼得的话，vector 和 string 更注重效率。尽管如此，总的说来，标准设施为创建安全组件所提供的平台还是要比原始数组和指针好得多。
- 它们有助于优化。现代标准库实现都包含我等芸芸众生不曾梦见的许多优化。

如果编译时数组大小就是固定的，则也可以考虑使用数组（例如，用 float[3]表示三维空间的点是肯定合适的；因为要转换到四维的话无论如何都需要重新设计）。

## 参考文献

[Alexandrescu01a] • [Dewhurst03] §13, §60, §68 • [Meyers01] §13, §16 • [Stroustrup00] §3.5-7, §5.3, §20.4.1, §C.7 • [Sutter00] §36

# 第**78**条
# 使用 vector（和 string::c_str）与非 C++ API 交换数据

## 摘要

vector 不会在转换中迷失[①]：vector 和 string::c_str 是与非 C++ API 通信的通道。但是不要将迭代器当作指针。要获取 vector<T>::iterator iter 所引用的元素地址，应该使用&*iter。

## 讨论

一般而言，vector（主要）以及 string::c_str 和 string::data（次要）是与非 C++ API（尤其是 C 语言库）交换数据的最佳方式。

vector 的存储区总是连续的，因此访问其第一个元素的地址将返回一个指向其内容的指针。可以使用&*v.begin()、&v[0]或&v.front()来获取 v 的第一个元素的指针。要获取指向 vector 第 n 个元素的指针，应该先做运算再取址（例如，&v.begin()[n]或&v[n]），而不要先获取头部的指针然后再进行指针运算（例如(&v.front())[n]）。这是因为，前一种情况下能够给带检查的标准库实现一个机会，验证没有越界访问 v 的元素（见第 83 条）。

不要认为 v.begin()返回的是指向第一个元素的指针，或者一般性地认为 vector 的迭代器都是指针。虽然有些 STL 实现确实将 vector<T>::iterator 定义为原始 T*指针，但是迭代器可以是功能完整的类型，实际上也是越来越接近（见第 83 条）。

虽然大多数标准库实现中 string 都使用连续内存，但这是没有保证的，所以绝对不要认为获取了 string 中一个字符地址，它指向的就是连续内存。好在 string::c_str 总是返回一个空字符结束的 C 风格字符串。（string::data 返回的也是指向连续内存的指针，但并不保证以空字符结束。）

传入指向 vector v 数据的指针之后，C 语言代码就可以读写 v 的元素了，但是必须在 size 的边界内。一个设计良好的 C 语言的 API 会有这样的参数：对象的最大数量（最大为 v.size()），或者指向结尾之后那个元素（past-the-end）的指针（&*v.begin()+v.size()）。

如果有一个除 vector 或 string 之外存放 T 对象的容器，想将其内容传递给一个非 C++ API（或从该 API 中填充内容），而该 API 需要指向 T 对象数组的指针，那么应该将容器内容复制到一个 vector<T>中（或将 vector<T>内容复制到容器），通过后者直接与非 C++ API 通信。

## 参考文献

[Josuttis99] §6.2.3, §11.2.4 • [Meyers01] §16 • [Musser01] §B • [Stroustrup00] §16.3.1

---

① 此句暗引了美国诗人弗罗斯特的名句："Poetry is what gets lost in translation"（诗乃翻译之所失）。——译者注

# 第**79**条
# 在容器中只存储值和智能指针

## 摘要

在容器中存储值对象：容器假设它们所存放的是类似值的类型，包括值类型（直接存放）、智能指针和迭代器。

## 讨论

容器最常见的使用情形是存储直接存放的值（比如 vector<int>、set<string>）。至于指针容器：如果容器拥有所指向的对象，则应该使用引用计数的智能指针容器（比如 list<shared_ptr<Widget> >）；否则使用原始指针的容器（比如 list<Widget*>）或者其他类似指针的值比如迭代器（比如 list< vector<Widget>::iterator >）的容器也可以。

## 示例

**例 1**    auto_ptr。auto_ptr<T>的对象并不类似于值，因为它们具有所有权转移的复制语义。使用包含 auto_ptr 的容器（比如一个 vector< auto_ptr<int> >）应该无法编译。即使能够编译，也决不要这样写；如果想要这样写，几乎肯定可以代之以包含 shared_ptr 的容器。

**例 2**    异构容器。为了让容器存储和拥有不同但是相关的类型（比如从一个公用基类 Base 派生的各种类型）的对象，应该使用 container < shared_ptr<Base> >。另一选择是存储代理对象，该对象的非虚拟函数会将调用传递给相应的实际对象的虚拟函数。

**例 3**    非值类型的容器。为了存放对象，即使它们是不可复制的，或者不是类似于值的（比如 DatabaseLock 和 TcpConnection），也应该直接通过智能指针存放它们（比如 container <shared_ptr <DatabaseLock>>和 container< shared_ptr <TcpConnection> >）。

**例 4**    可选值。如果需要 map<Thing, Widget>，但是有些 Thing 没有相关联的 Widget，就应该使用 map<Thing, shared_ptr<Widget> >。

**例 5**    索引容器。为了让主容器存放对象，然后在不重排主容器的情况下用不同的排列顺序访问它们，可以设置多个次容器"指向"主容器，然后用析值（dereference）比较谓词以不同方式将次容器排序。但是应该用包含 MainContainer::iterator（它是类似于值的）的容器而不是指针容器。

## 参考文献

[Allison98]  §14 • [Austern99]  §6 • [Dewhurst03]  §68 • [Josuttis99]  §5.10.2 • [Koenig97]  §5 • [Meyers01] §3, §7-8 • [SuttHysl04b]

# 第❽0条
# 用 push_back 代替其他扩展序列的方式

## 摘要

尽可能使用 push_back：如果不需要操心插入位置，就应该使用 push_back 在序列中添加元素。其他方法可能极慢而且不简明。

## 讨论

使用 insert 操作可以将元素插入到序列的不同位置，在序列中追加元素还可以使用各种不同的方法，包括：

```
vector<int> vec;                    // vec 为空
vec.resize(vec.size() + 1, 1);      // vec 包含 { 1 }
vec.insert(vec.end(), 2);           // vec 包含 { 1, 2 }
vec.push_back(3);                   // vec 包含 { 1, 2, 3 }
```

在所有这些方法中，只有 push_back 所耗费的时间是分摊的常数（amortized constant）时间。而其他方法的性能都是二次的。不用说，如果超出较小的数据量，其他方法就将存在潜在的可伸缩性障碍（见第 7 条）。

push_back 的魔术其实很简单：它是按指数级扩大容量的，而不是按固定增量扩大的。因此重新分配和复制的次数将随大小的增长迅速减少。对于只用 push_back 调用添加元素的容器而言，无论容器最终大小是多少，每个元素平均只会复制一次。

当然，resize 和 insert 也可以采取相同的策略，但这与具体实现有关，只有 push_back 能够提供保证。

因为无法访问容器，所以标准算法不能直接调用 push_back。但是可以通过使用 back_inserter，要求算法使用 push_back。

## 例外情况

如果知道要添加的范围，即使位于容器的末尾，也应该使用范围插入函数（见第 81 条）。

指数级增长需要分配大量内存。要对此增长微调，可以显式地调用reserve，因为如果有足够的空间，那么无论是push_back、resize，还是类似的函数，都永远不会触发重新分配。要为vector设定"正确大小"，可以使用shrink-to-fit惯用法（见第82条）。

## 参考文献

[Stroustrup00] §3.7-8, §16.3.5, §17.1.4.1

# 第 81 条
# 多用范围操作，少用单元素操作

## 摘要

拉丁谚语云，顺风顺水无需桨：在序列容器中添加元素时，应该多用范围操作（例如接受一对迭代器为参数的 insert 形式），而不要连续调用该操作的单元素形式。调用范围操作通常更易于编写，也更易于阅读，而且比显式循环的效率更高（另见第 84 条）。

## 讨论

给一个函数提供的背景信息越多，它能用此信息完成有用任务的可能性就越大。特别是，在调用一个函数并传给它一对限定范围的迭代器 first 和 last 时，它就可以根据所要添加的对象数量（可以通过计算 distance(first, last)得出）进行优化。

这同样适用于"重复 $n$ 次"的操作，比如 vector 的构造函数，它的参数是重复次数和一个值。

## 示例

**例 1**　vector::insert。假定要在 vector v 中添加 n 个元素。重复调用 v.insert(position, x)有可能导致多次重新分配内存，因为 v 需要扩大存储区以容纳每个新元素。更糟糕的是，所有单元素插入都是线性操作，因为必须移动足够多的元素才能腾出空间，而这样的话，通过重复调用单元素插入操作来插入 n 个元素，实际上将是一个二次方的操作！当然了，可以通过调用 reserve 来绕过多次重新分配内存的问题，但这并没有减少操作对元素的移动，也没有改变其二次方的本质。直说这时候想要做什么会更快、更简单：v.insert(position, first, last)，其中 first 和 last 是迭代器，限定要在 v 中添加的元素的范围。（如果 first 和 last 是输入迭代器，那么除实际遍历之外是没有其他办法知道范围大小的，因此 v 可能仍然需要多次重新分配内存，但是范围操作版本还是有可能会比单独插入元素的性能更好的。）

**例 2**　范围构造和赋值。调用以迭代器范围为参数的构造函数（或 assign 函数），通常比调用默认构造函数（或 clear）然后再单独插入容器的性能更好。

## 参考文献

[Meyers01]§5 • [Stroustrup00]§16.3.8

# 第❽❷条
# 使用公认的惯用法真正地压缩容量，真正地删除元素

## 摘要

使用有效减肥法：要真正地压缩容器的多余容量，应该使用"swap 魔术"惯用法。要真正地删除容器中的元素，应该使用 erase-remove 惯用法。

## 讨论

有些容器（例如 vector、string、deque）可能最后会具有不再需要的多余容量。虽然 C++标准库容器没有提供一种保证可行的方法去除多余容量，但是下面的"swap 魔术"惯用法确实可以去除类似 container 类型容器 c 的多余容量：

container<T>( c ).swap( c );　// 去除多余容量的 shrink-to-fit（压缩到合适）惯用法

或者，如果要将 c 完全清空，清除所有存放的元素并去除所有可能的容量，则惯用法为：

container<T>().swap( c );　　// 去除全部内容和容量的惯用法

在相关的消息中，有一件事经常会使 STL 新手感到惊奇：remove 算法并不真正地从容器中删除元素。当然，它也不能；算法只操作于迭代器范围，不调用容器的成员函数（通常是 erase），是不可能真正从容器中删除内容的。remove 所做的就是移动值的位置，将不应该"删除"的元素移至范围的开始处，并返回一个迭代器指向最后一个不应删除元素的下一位置。要真正删除，需要在调用 remove 之后再调用 erase——这就是所谓的"erase-remove"惯用法。例如，要删除容器 c 中所有等于 value 的元素，可以这样编程：

c.erase( remove( c.begin(), c.end(), value ), c.end() );

对于有 remove 或 remove_if 的容器，应该尽量使用这两个函数的成员版本。

## 例外情况

通常的 shrink-to-fit 惯用法对写时复制（copy-on-write）方式实现的 std::string 不适用。总是可行的方法是调用 s.reserve(0)，或者通过编写 string(s.begin(), s.end()).swap(s); ，用迭代器范围构造函数来压缩 string 的多余容量。实际上，这些都可以去除多余容量。（让人高兴的是，std::string 的实现正在放弃写时复制，这种优化已经过时了，参阅[Sutter02]。）

## 参考文献

[Josuttis99] §6.2.1 • [Meyers01] §17, §32, §44 • [Sutter00] §7 • [Sutter02] §7, §16

# STL：算法

多用算法，少用循环。

——Bjarne Stroustrup, [Stroustrup00]§18.12

算法即循环——只是更好。算法是循环的"模式"，在只用 for 语句实现的原始循环上增加了很多语义内容和其他丰富内容。当然，开始使用算法的那一刻，也将开始使用函数对象和谓词；正确编写，好好使用吧。

本部分中我们选出的最有价值条款是第 83 条：使用带检查的 STL 实现。

## 第❽❸条
# 使用带检查的 STL 实现

### 摘要

安全第一（见第 6 条）：即使只在其中的一个编译器平台上可用，即使只能在发行前的测试中使用，也仍然要使用带检查的 STL 实现。

### 讨论

与指针错误一样，迭代器非常容易出现错误，而且通常能够不加警告地通过编译，然后崩溃（最好的情况）或者似乎仍然能够工作（最糟糕的情况）。即使编译器无法捕获这些错误，也没有必要完全依赖"肉眼检查来纠正"，而且也不应该：既然存在这样的工具，就应该用起来。

令人头痛的是，有些 STL 错误很普遍，即使是有经验的程序员也会经常犯。

- 使用已失效的或未初始化的迭代器。前一种情况尤其容易出现。

- 传递越界索引。例如，一个容器只有 100 个元素，却要访问它的第 113 个元素。

- 使用并非真是"范围"的迭代器范围。传递的两个迭代器中，第一个并不在第二个之前，或者两个所指向的并非同一个容器。

- 传递无效的迭代器位置。调用一个以迭代器位置（比如传给 insert 的位置）为参数的容器成员函数时，传递的迭代器却指向了另一个容器。

- 使用无效顺序。为关联容器排序，或作为排序算法的比较依据，所提供的是无效排序规则（示例请参阅 [Meyers01] §21）。如果不使用带检查的 STL，这些一般都会在运行时表现出来，要么是一些奇怪的行为，要么是无限循环，但不会是硬件错误（hard error）。

大多数带检查的 STL 都会通过在容器和迭代器中添加附加的调试和支持信息来自动地检查这些错误。例如，迭代器能够记住所指向的容器，而容器能够记住所有指向自己的未决（outstanding）迭代器，这样当它们失效时，容器就可以将相应的迭代器标记为无效。当然，这将导致迭代器更臃肿，容器含有的状态更多，每次修改容器时都要做更多的工作。但是，这是值得的——至少在测试期间，甚至可能在发行期间（请回想第 8 条；不要出于性能原因而禁用重要的检查，除非已经知道性能受到了影响，确实成了问题）。

即使发行软件的时候不会打开检查，即使只有一个目标平台有带检查的 STL，至少也要确保会例行地对带检查的 STL 所构建的程序版本运行完整测试。将来你会为自己这样做而感到高兴的。

## 示例

**例 1**  使用无效迭代器。忘记迭代器何时失效，因而使用了无效的迭代器，这种事情很容易发生（见第 99 条）。考虑下面这个改编自[Meyers01]的例子，它将元素插入到了 deque 的头部：

```
deque<double>::iterator current = d.begin();

for( size_t i = 0; i < max; ++i )
    d.insert( current++, data[i] + 41 );          // 发现bug了吗？
```

快：发现 bug 了吗？只有三秒钟，一、二、……叮！如果没有及时发现，也不要苦恼；这是一个不易发觉而且可以理解的错误。带检查的 STL 实现会在第二次循环迭代时检查出这个错误，因此并不需要依赖自己无助的观察能力（第 84 条中有这段代码的一个修正版本，还有这种原始循环的一个极佳替代方案）。

**例 2**  使用并非真是范围的迭代器范围。所谓迭代器范围就是一对迭代器——first 和 last，分别指向范围的第一个元素和紧接最后一个元素之后的那个元素。必须能够通过反复递增 first 来到达 last。意外地使用并非真是范围的迭代器范围，通常有两种情况：第一种是为范围定界的两个迭代器指向的虽然是同一个容器，但第一个迭代器实际上却不在第二个之前：

```
for_each( c.end(), c.begin(), Something );      // 并不总是这么明显
```

在每次内部循环中，for_each 都将比较第一个迭代器和第二个迭代器的相等性，只要并不相等，它就会继续递增第一个迭代器。当然，无论第一个迭代器递增多少次，它都永远不会等于第二个，所以这个循环实际上是无限的。实践中，最好的情况是，在越界访问容器 c 结束之后，会由于内存保护错误而立即崩溃；最糟糕的情况是，会越界访问未知内存，有可能读取或改变并非容器元素的值。这在原理上和我们臭名昭著而极易攻击的"朋友"——缓冲区溢出可没有多大区别。

第二种常见情况在两个迭代器指向不同容器时出现的：

```
for_each( c.begin(), d.end(), Something );      // 并不总是这么明显
```

结果很相似。因为带检查的 STL 迭代器会记住自己指向的容器，所以能够检查出这种运行时错误。

## 参考文献

[Dinkumware-Safe] • [Horstmann95] • [Josuttis99] §5.11.1 • [Metrowerks] • [Meyers01] §21, §50 • [STLport-Debug] • [Stroustrup00] §18.3.1, §19.3.1

# 第❽❹条
# 用算法调用代替手工编写的循环

## 摘要

明智地使用函数对象：对非常简单的循环而言，手工编写的循环有可能是最简单也是最有效率的解决方案。但是编写算法调用代替手工编写的循环，可以使表达力更强、维护性更好、更不易出错，而且同样高效。

调用算法时，应该考虑编写自定义的函数对象以封装所需的逻辑。不要将参数绑定器（parameter-binder）和简单的函数对象凑在一起（例如 bind2nd 和 plus①），通常这会降低清晰性。还可以考虑尝试[Boost]的 Lambda 库，这个库自动化了函数对象的编写过程。

## 讨论

使用 STL 的程序所用的显式循环比非 STL 程序的要少，而且使用了较高层的、定义更佳的抽象操作（能够传递更多语义信息）代替了低层的、无语义的循环。应该采取"处理此范围"的算法性思维方式，抛弃那种"处理每个元素"的循环式思路。

算法和设计模式都具有的一大优点在于，拜其所赐，我们得以使用大家熟知的公共词汇表在更高的抽象层次上进行交流。现在，我们不用再说"让许多对象监视一个对象的状态，在该对象状态发生改变时这些对象能够得到自动通知"了，相反，我们只用说"Observer"（观察者）就行。类似地，我们还可以说"Bridge"（桥接）、"Factory"（工厂）以及"Visitor"（访问者）。这种共享的模式词汇表提升了讨论的层次、有效性和正确性。有了算法，我们同样不用再说"对一个范围内的每个元素执行某个操作，并将结果写到某个地方"了，相反，我们只用说 transform。类似地，我们还可以说 for_each、replace_if 和 partition。算法与设计模式一样，都是不言自明的（self-documenting）。原始的 for 和 while 循环是无法透露有关循环目的的任何内在语义信息的；遇到它们，阅读代码的人必须查看循环体，才能知道它们到底是怎么回事。

算法的正确性也很可能比循环好。手工编写的循环很容易犯使用无效迭代器这样的错误（见第 83 条和第 99 条），而算法早已对无效迭代器和其他常见错误进行过调试了。

最后，算法的效率经常也比原始循环要好（参阅[Sutter00] 和 [Meyers01]）。它们会避免出现重复计算 container.end()这样毫无必要的小的低效操作。也许更重要的是，我们所使用的标准算法是由实现标准容器的那些人实现的，就凭他们对内幕的了解，所编写的算法的效率，就绝非你我编写的任何版本所能相提并论。但是最重要的还在于，许多算法的实现精巧绝伦，你我这样的一线程序员手工编写的代码也是不可能与之一较短长的（除非我们不需要某个特定算法所提供的完整通用性）。

---

① 这里 bind2nd 是参数绑定器，plus 是函数对象。——译者注

一般而言，一个库发布的范围越广，它所得到的调试就会越好，而且效率也会更高，原因很简单，它有如此众多的用户。不可能再找到比标准库实现使用更广的其他库了。用它吧，而且要用好。既然 STL 算法已经写好，何必还要重写一次呢？

还可以考虑尝试一下[Boost]的 lambda 函数。lambda 函数是一个重要的工具，它解决了算法的最大问题——可读性：这种函数能够为我们编写函数对象，而让实际代码保留在调用点。如果不使用 lambda 函数，就只能要么选择使用函数对象（但即使是简单的循环体，也是位于调用点之外的另一个地方的），要么选择使用标准绑定器和函数对象，如 bind2nd 和 plus（它们用起来很麻烦且容易混淆，何况也很难配合使用，因为像 compose 这样的基本操作都不属于标准，但是可以考虑 [C++TR104] 中新提出的 bind 库）。

## 示例

下面两个例子改编自文献[Meyers01]。

**例 1　转换 deque。**我们已经和迭代器失效问题遭遇好几次了（比如第 83 条中的例子），现在终于能够提出如下的手工编写的正确循环，可以将 double 数组 data 的每个元素的值都加 41，并将结果放在 d——一个 deque<double>的头部：

```
deque<double>::iterator current = d.begin();
for( size_t i = 0; i < max; ++i ) {
  current = d.insert( current, data[i] + 41 );    // 小心，保持 current 有效……
  ++current;                                       // ……然后在安全时递增
}
```

而算法调用将干净利落地绕过正确性陷阱：

```
transform ( data.begin(), data.end(),              // 从data复制元素
            inserter(d, d.begin()),                // 到 d 的头部
            bind2nd(plus<double>(), 41) );         // 每个都加41
```

确实，bind2nd 和 plus 很笨拙。老实说，没有人真地会怎么使用它们，原因也是它们有损可读性（见第 6 条）。

但是 lambda 函数可以为我们生成函数对象，这样就可以如下简单地编程了：

```
transform( data, data + max, inserter( d, d.begin() ), _1 + 41 );
```

**例 2　查找 x 和 y 之间的第一个元素。**思考这个原始循环，它通过计算指向被找到的元素或 v.end()的迭代器，查找 vector<int> v 中 x 和 y 之间的第一个值：

```
vector<int>::iterator i = v.begin();
for( ; i != v.end(); ++i )
  if( *i > x && *i < y ) break;
```

算法调用将大有问题。如果不使用 lambda，那么就只有两种选择，即要么选择编写自定义的函数对象，要么使用标准绑定器。很不幸，如果选择绑定器，就不能只使用标准绑定器，而是要用到非标准的（虽然广泛可用的）compose2 适配器。不仅如此，所得到的代码将很难理解，大概没有人真地会这样编程吧：

```
vector<int>::iterator i = find_if( v.begin(), v.end(),
                        compose2( logical_and<bool>(),
                                  bind2nd(greater<int>(), x),
                                  bind2nd(less<int>(), y) ) );
```

另一种选择，即编写自定义函数对象，是可行的。从调用点来看这种选择也很好，它的主要缺点在于必须编写一个类似于 BetweenValues 的函数对象，这使循环体的逻辑看上去远离了调用点：

```
template<typename T>
class BetweenValues : public unary_function<T, bool> {
public:
  BetweenValues( const T& low, const T& high ) : low_(low), high_(high) { }
  bool operator()( const T& val ) const {return val > low_ && val < high_; }
private:                                    // 远离了使用的调用点
  T low_, high_;
};
vector<int>::iterator i = find_if( v.begin(), v.end(), BetweenValues<int>(x, y) );
```

而 lambda 函数可以为我们生成函数对象，这样就可以如下简单地编程了：

```
vector<int>::iterator i = find_if( v.begin(), v.end(), _1 > x && _1 < y );
```

## 例外情况

算法调用与函数对象一起使用时，将会使循环体离开调用点，从而使循环更难阅读（将简单的函数对象和标准以及非标准的绑定器凑在一起并非现实的选择）。

[Boost] 的 lambda 函数解决了这两个问题，而且能够在现代编译器上可靠工作，但它们无法在比较老的编译器上起作用，如果编写不正确，还会产生大量的错误信息。此外，调用命名函数包括成员函数，仍然需要绑定器式的语法。

## 参考文献

[Allison98] §15 • [Austern99] §11-13 • [Boost] Lambda library • [McConnell93] §15 • [Meyers01] §43 • [Musser01] §11 • [Stroustrup00] §6.1.8, §18.5.1 • [Sutter00] §7

# 第**85**条
# 使用正确的 STL 查找算法

## 摘要

选择查找方式应"恰到好处"——正确的查找方式应该使用 STL（虽然比光速慢，但已经非常快了）：本条款适用于在一个范围内查找某个特定值，或者查找某个值的位置（如果它处在范围内的话）。查找无序范围，应使用 find/find_if 或者 count/count_if。查找有序范围，应使用 lower_bound、upper_bound、equal_range 或者（在少数情况下）binary_search（尽管 binary_search 有一个通行的名字，但是选择它通常并不一定正确）。

## 讨论

对无序范围而言，find/find_if 和 count/count_if 都能够以线性时间告知，元素是否在某个范围中，以及元素在范围中的哪个位置。请注意 find/find_if 的效率一般更高，因为在找到匹配后能够终止查找。

对有序范围来说，应该用以下 4 个二分查找算法：binary_search、lower_bound、upper_bound 以及 equal_range，它们都是对数时间的。很不幸，binary_search 虽然有个好名字，但是几乎毫无用处，因为它只能返回一个 bool 值表示是否找到了匹配。通常应该使用 lower_bound 或 upper_bound，也可以使用 equal_range，equal_range 能够得到 lower_bound 和 upper_bound 两种算法的结果（但开销却小于两倍）。

lower_bound 将返回一个迭代器，指向第一个匹配（如果存在），或者指向匹配应该处于的位置（如果不存在）；如果要寻找正确位置，在有序序列中插入新值，那么后一种情况将非常有用。upper_bound 将返回一个迭代器，指向最后一个匹配的下一个元素（如果存在），这也是添加下一个等价元素的位置；如果要寻找正确位置，在有序序列中插入新值，同时又能保持等价元素插入时的顺序，那么此算法将非常有用。

对于有序范围，应该将 p=equal-range( first, last, value ); distance( p.first, p.second );当作 count( first, last, value );的更快版本使用。

如果所查找的是一个关联容器，那么应该使用同名的成员函数，不要使用非成员算法。成员函数版本的效率通常更高，比如 count 的成员函数版本的执行时间是对数级的（因此无需像 count 的非成员函数版本那样，先调用 equal_range，再调用 distance）。

## 参考文献

[Austern99]　§13.2-3 • [Bentley00]　§13 • [Meyers01]　§34, §45 • [Musser01]　§22.2 • [Stroustrup00] §17.1.4.1, §18.7.2

# 第86条
# 使用正确的 STL 排序算法

## 摘要

选择排序方式应"恰到好处"：理解每个排序算法的作用，选择能够实现所需而开销最低的算法。

## 讨论

并不总是需要进行完全排序的，一般情况下都不需要那么完全，而在极少数情况下才需要对更多元素进行排序。按开销从低到高的大致顺序，应该如下选择标准排序算法：partition、stable_partition、nth_element、partial_sort（以及其变体 partial_sort_copy）、sort 和 stable_sort。应该使用能够完成实际所需功能的开销最低的算法，使用更强的算法将是一种浪费。

partition、stable_partition 和 nth_element 算法是线性时间的，所以很不错。

nth_element、partial_sort、sort 和 stable_sort 需要随机访问迭代器。如果只有双向迭代器（例如 list<T>::iterator），就无法使用它们。如果需要这些算法，但又没有随机访问迭代器，那么可以考虑使用索引容器惯用法：创建一个支持随机访问迭代器的迭代器容器（例如 vector），用其中的迭代器指向原范围，然后对此迭代器容器使用更强的算法，同时使用谓词的析值版本（在进行通常的比较之前析值迭代器）。

只有需要保留相等元素的相对顺序不变时才使用算法的 stable_...版本。请注意 partial_sort 和 nth_element 都不稳定（也就是说它们无法保留相等元素排序前的相对顺序不变），而且没有标准化的稳定版本。如果还是想使用这些算法然而又需要稳定性的话，可能应该使用 stable_sort。

当然，如果不是非用不可，应该不用任何排序算法：如果使用的是标准的关联容器（set/multiset 或 map/multimap）或者 priority_queue 适配器，而且只需要一种排列顺序，那么其中的元素将总是有序的。

## 示例

例 1    partition。使用 partition 可以将范围恰好分为两组：前面是满足谓词的所有元素，然后是不满足谓词的所有元素。回答如下问题恰恰需要这一点。

- "哪些学生分数在 B+或者 B+以上？"如 partition( students.begin(), students.end(), GradeAtLeast("B+") );这样的语句就能够回答这一问题，它将返回一个迭代器，指向分数低于 B+的头一个学生。

- "哪些产品的重量小于 10kg？"如 partition( products.begin(), products.end(), WeightUnder(10) )；这样的语句就能够回答这一问题，它将返回一个迭代器，指向重量大于等于 10kg的头一个产品。

**例 2**　nth_element。使用 nth_element 可以将一个元素放在范围完全排序后它应该处在的第 n 个位置，同时所有其他元素也会正确地处在第 n 个元素的前后[①]。回答如下问题恰恰需要这一点。

- "我的头 20 位最佳销售人员都是谁？"如 nth_element( s.begin(), s.begin()+19, s.end(), SalesRating)；这样的语句就能够将排名最高的 20 个元素放在前面。

- "在本次生产运行中质量等级位于中间的产品是哪一件？"该元素应该位于一个范围排序后的中间位置。可以用语句 nth_element( run.begin(), run.begin()+run.size()/2, run.end(), ItemQuality)；来找到它。

- "质量对应第 75 个百分位数[②]的产品是哪件？"该产品应该位于一个范围排序后距离开始 25%的位置。要找到它，可以用语句 nth_element( run.begin(), run.begin()+run.size()*.25, run.end(), ItemQuality)；。

**例 3**　partial_sort。partial_sort 除可以完成 nth_element 的工作之外，还能使第 n 个元素之前的元素都处在正确的排序位置上。使用 partial_sort 可以回答那些与 nth_element 类似，但同时需要对所匹配的元素进行排序（而且那些不匹配的元素不需要排序）的问题。回答这样的问题恰恰需要这一点："谁是第一、第二和第三名？"如 partial_sort (contestants.begin(), contestants.begin()+3, contestants.end(), ScoreCompare );这样的语句可以将前三名选手按顺序放在容器的前面——而且仅此而已。

## 例外情况

由于要做的工作少，通常 partial_sort 都比完全的 sort 要快，但是如果需要对范围中大多数（或者全部）元素进行排序，则它会比完全的 sort 慢。

## 参考文献

[Austern99] §13.1 • [Bentley00] §11 • [Josuttis99] §9.2.2 • [Meyers01] §31 • [Musser01] §5.4, §22.26 • [Stroustrup00] §17.1.4.1, §18.7

---

[①] 请注意，nth_element 默认用法的结果是，其他元素是未排序的，只是被第 n 个元素分隔开来而已。——译者注
[②] 原文为 percentile，即百分位数，统计术语，如果将一组数据从大到小排序，并计算相应的累计百分位，则某一百分位所对应数据的值就称为这一百分位的百分位数。——译者注

## 第87条
## 使谓词成为纯函数

### 摘要

保持谓词纯洁性：谓词就是返回是或否（返回值通常为 bool 类型）的函数对象。从数学的意义上来说，如果函数的结果只取决于其参数，则该函数就是一个纯函数（请注意，这里"纯"的用法与纯虚拟函数毫无关系）。

不要让谓词保存或访问对其 operator()结果有影响的状态，包括成员状态和全局状态。应该使 operator()成为谓词的 const 成员函数（见第 15 条）。

### 讨论

算法会以不可知的顺序，不可知的次数生成不可知数量的谓词副本，然后将这些副本四处传递，而且会很漫不经心地认为这些副本都是等价的。

这就是之所以我们需要负责确保谓词副本确实等价的原因，也就是说，它们必须是纯函数：函数的结果除了传递给 operator()的参数之外，不受任何其他因素的影响。而且，对于要求值的相同参数集，谓词返回的结果必须始终相同。

有状态谓词看似很有用，但是对于 C++标准库及其算法，它们显然并无大用，而且这是有意为之的。具体而言，只有在以下情况下，才可使用有状态谓词。

- 谓词不会被复制。标准算法没有做出任何这样的保证，事实上它们假定谓词是可以安全复制的。
- 谓词是按文献所记载的确定顺序使用的。标准算法对谓词应以什么顺序应用于范围中的元素，并没有任何保证。在没有保证对象访问的顺序的情况下，诸如"标记第三个元素"（见本条示例）这样的操作就没有太大意义了，因为哪个元素会"第三个"访问并无明确定义。

通过编写一个轻型谓词，使用引用计数来共享其深层状态，是可以解决第一个问题的。这还解决了谓词复制的问题，因为这样谓词可以被安全地复制而不会在应用于对象时改变语义（参阅[Sutter02]）。但是，解决第二个问题是不可能的。

应该总是将谓词类型的 operator() 声明为 const 成员函数，这样如果试图改变谓词类型可能具有的数据成员时，编译器就会发出错误信息，帮助避免这种错误。这当然不能防止所有的误用行为（例如，它就无法在访问全局数据时报错），但是这至少有助于编译器帮我们避免最常见的错误。

## 示例

例 FlagNth。这是一个来自[Sutter02]的经典例子，其目的是删除容器 v 中的第三个元素：

```
class FlagNth {
public:
  FlagNth( size_t n ) : current_(0), n_(n) {}
  // 当且仅当第n次调用时求值为true
  template<typename T>
  bool operator()( const T& ) {return ++current_ == n_; }        // 糟糕：不是常量
private:
  size_t current_, n_;
};

// ……若干代码后……
v.erase( remove_if( v.begin(), v.end(), FlagNth(3) ) );
```

这并不能保证删除第三个元素，即使代码的目的如此。在大多数实际的 STL 实现中，会删除第三个和第六个元素。为什么呢？因为一般 remove_if 是通过 find_if 和 remove_copy_if 实现的，它会将谓词的一个副本传给这些函数，而在此之前可能它自己已经执行了某些会影响谓词状态的操作。

从概念上说，这个例子有些违背常理，因为 remove_if 只保证删除所有满足某个条件的元素。它并没有在文档中记载会以什么顺序访问或者删除范围中的元素，因此以上代码实际上是建立在一个只是想当然的假设之上的，既没有文档记载，也不能令人满意。

删除某个特定元素的正确之道，是迭代至此元素，然后调用 erase。

## 参考文献

[Austern99] §4.2.2 • [Josuttis99] §5.8.2, §8.1.4 • [Meyers01] §39 • [Stroustrup00] §10.2.6 • [Sutter02] §2-3

# 第 88 条
# 算法和比较器的参数应多用函数对象少用函数

## 摘要

对象的适配性比函数好：应该向算法传递函数对象，而非函数。关联容器的比较器必须是函数对象。函数对象的适配性好，而且与直觉相反，它们产生的代码一般比函数要快。

## 讨论

首先，函数对象很容易适配，而且总是应该如此（见第 89 条）。甚至对于已有函数，有时候还必须用 ptr_fun 或 mem_fun 将其封装起来以提高适配性。例如，为了用绑定器构造更加复杂的表达式（另见第 84 条），必须这样编程：

```
inline bool IsHeavy( const Thing& ) {/*...*/}

find_if( v.begin(), v.end(), not1( IsHeavy ) );              // 错误：不可适配
```

绕过这个问题的常用方法是插入一个 ptr_fun（对于成员函数来说则是 mem_fun 或 mem_fun_ref），但糟糕的是，在这种特殊情况下此方法毫无用处：

```
inline bool IsHeavy( const Thing& ) {/*...*/}

find_if( v.begin(), v.end(), not1( ptr_fun( IsHeavy ) ) );   // 一次大胆的尝试
```

即使显式地指定 ptr_fun 的模板参数也于事无补，这真够让人头疼的。简短地说来，问题出在：ptr_fun 能够准确地推演出参数和返回值的类型（此处参数类型被推演为 const Thing&），然后会继续创建内部机制，在此过程中会尝试添加另一个&，但是目前 C++标准中引用的引用是不被允许的。有很多方法能够（而且可能也应该）对标准 C++语言和/或标准库进行修改，从而使以上代码能够正常工作（例如，允许引用的引用缩为一个引用，或者另见第 89 条），但现在还并没有做到。

如果使用正确编写的函数对象（见第 89 条），那么完全用不着记住这些东西，因为它从一开始就是可适配的，根本无需特殊语法：

```
struct IsHeavy : unary_function<Thing, bool> {
  bool operator()( const Thing& ) const {/*...*/}
};

find_if( v.begin(), v.end(), not1( IsHeavy() ) );            // 正确：可以适配了
```

更重要的是，指定关联容器比较器时，需要使用的是函数对象，而不是函数。这是因为直接用函数实例化模板类型参数是非法的：

```
bool CompareThings( const Thing&, const Thing& );

set<Thing, CompareThings> s;                          // 错误
```

相反，应该用这样的代码：

```
struct CompareThings : public binary_function<Thing,Thing,bool> {
  bool operator()( const Thing&, const Thing& ) const;
};

set<Thing, CompareThings> s;                          // 正确
```

最后，这还有性能上的优势。考虑下面这个熟悉的算法：

```
template<typename Iter, typename Compare>
Iter find_if( Iter first, Iter last, Compare comp );
```

如果将一个函数作为比较器传给 find_if：

```
inline bool Function( const Thing& ) {/*...*/}

find_if( v.begin(), v.end(), Function );
```

那么实际上所传递的是 Function 的引用。编译器极少会内联这样的函数调用（除非在全程序分析时，而且这在流行的编译器上还是比较新的特性），即使像上面的代码中那样将 Function 定义为 inline，即使在编译 find_if 调用时 Function 可见。况且，我们前面已经说过，函数是不可适配的。

如果将函数对象作为比较器传给 find_if：

```
struct FunctionObject : unary_function<Thing, bool> {
  bool operator()( const Thing& ) const {/*...*/}
};

find_if( v.begin(), v.end(), FunctionObject() );
```

那么所传递的是一个对象，通常具有（隐式或显式的）内联 operator()函数。自 C++青铜器时代开始，编译器就已经习惯内联这样的调用了。

请注意：这并不是在鼓励不成熟的优化（见第 8 条），而是反对不成熟的劣化（见第 9 条）。如果已经有了一个函数，那么就继续传递该函数的指针好了（除非必须用 ptr_fun 或 mem_fun 将其封装）。但是，如果是在编写要用作算法参数的一段新代码，那么应该多添加一些程式化代码，将其编写成一个函数对象。

## 参考文献

[Austern99] §4, §8, §15 • [Josuttis99] §5.9 • [Meyers01] §46 • [Musser01] §8 • [Sutter04] §25

# 第❽❾条
# 正确编写函数对象

## 摘要

成本要低，而且要可适配：将函数对象设计为复制成本很低的值类型。尽可能地让它们从 unary_function 或 binary_function 继承，从而能够适配。

## 讨论

函数对象模仿的就是函数指针。与函数指针一样，一般函数对象应该通过值来传递。所有标准算法都是通过值来传递对象的，我们自己的算法也应如此。例如：

```
template<class InputIter, class Func>
Function for_each( InputIter first, InputIter last, Function f );
```

因此，函数对象必须是复制成本低廉的、单态的（不会切片，所以避免了虚拟函数，见第 54 条）。但是大型的和/或多态的对象也有用，而且使用起来也没有问题；只需用 Pimpl 惯用法（见第 43 条）将对象的大小和丰富的内容隐藏起来，使封装类成为复制成本低廉的、仍然能访问丰富状态的单态类型即可。封装类应该具备以下特征。

- 可适配。从 unary_function 或 binary_function 继承（参阅下面）。
- 具有 Pimpl。存储一个指向大型/丰富对象实现的指针（例如 shared_ptr）。
- 具有函数调用操作符。将这些调用传递给实现对象。

除了可能需要提供非默认的构造函数、赋值操作符和/或析构函数版本之外，封装类中所需要的应该也就是这些了。

函数对象应该可适配。标准的绑定器和适配器依赖于一些 typedef，当函数对象从 unary_function 或 binary_function 继承时，这些 typedef 能够最方便地自动提供。应该用与 operator() 相同的参数类型和返回类型实例化 unary_function 或 binary_function，只是对于非指针类型，需要去掉所有顶层的 const 和&。

要避免提供多个 operator() 函数，因为这样会加大可适配的困难程度。一般而言，提供适用于所有情况的适配 typedef 是不可能的，因为同一个 typedef 对于不同的 operator() 函数也会有不同的值。

并非所有函数对象都是谓词。谓词只是函数对象的一个子集而已（见第 87 条）。

## 参考文献

[Allison98] §15, §C • [Austern99] §4, §8, §15 • [Gamma95] Bridge • [Josuttis99] §8.2.4 • [Koenig97] §21, §29 • [Meyers97] §34 • [Meyers01] §38, §40, §46 • [Musser01] §2.4, §8, §23 • [Sutter00] §26-30 • [Vandevoorde03] §22

# 类型安全

试图与编译器斗智的人，最终将无法很好地使用编译器。

——Brian Kernighan，P.J. Plauger

欺骗编译器的人，最终将自食恶果。

——Henry Spencer

在我们的程序中，总是有些东西用所有已知语言都无法很好地表达。

——Alan Perlis

我们最后（但肯定不是最不重要的）要考虑的是类型正确性——程序的一个非常重要的属性，任何时候我们都应该努力保持它。理论上讲，类型安全的函数绝对不会访问无类型的内存或者返回被篡改的值。实践中，如果代码能够维持类型的稳固性，就能避开一大类令人讨厌的错误，从不可移植到被破坏的内存，创建伪造的值，乃至出现未定义的行为。

维持类型稳固性所基于的基本理念是，始终以其编写的格式读入位。有时候，使用 C++ 破坏这条规则很容易，下面的条款将详细讲述如何避免这样的错误。

本部分中我们选出的最有价值条款是第 91 条：依赖类型，而非其表示方式。类型系统是我们的朋友，最坚定的同盟军；充分取得它的帮助，绝对不要辜负它的信任。

# 第 90 条
# 避免使用类型分支，多使用多态

## 摘要

切勿分支[1]：避免通过对象类型分支来定制行为。使用模板和虚函数，让类型自己（而不是调用它们的代码）来决定行为。

## 讨论

通过类型分支（type switching）来定制行为既不牢固、容易出错，又不安全，而且是企图用 C++编写 C 或 Fortran 代码的明显标志。这是一种很不灵活的技术，要添加新特性时必须回过头对现有代码进行修改。它还不安全，因为添加新类型时，如果忘记修改所有分支，编译器也不会告知。

理想情况下，在程序中添加新特性时只需要添加更多新代码（见第 37 条）。但是实践中，我们都知道事实并非总是如此——除了添加新代码之外，经常还需要回过头来修改一些现有代码。然而，修改能运转的代码是不受欢迎的，应该尽量避免，原因有二：第一，可能会破坏现有功能。第二，在系统不断发展，添加的特性越来越多时，这种方式也不能很好地进行扩展，因为需要返回修改的“维护点”数量也会增长。基于这一事实引入了开放-封闭原则，该原则规定：实体（例如类或者模块）应该对扩展开放，而对修改封闭（参阅[Martin96c]和[Meyer00]）。

我们怎么才能编写出易于扩展而又不用修改的代码呢？根据抽象来编写代码以使用多态性（另见第 36 条），然后在添加功能时再为那些抽象添加各种实现。模板和虚拟函数调用在使用抽象的代码和实现抽象的代码之间构成了一个依赖性的隔离带（见第 64 条）。

当然，这种管理依赖性要以找到正确的抽象为前提。如果抽象有问题，那么添加新功能时就需要修改接口（而不仅仅是为接口添加新的实现代码），这往往需要修改已有的代码。可是抽象之所以称为“抽象”，就是因为它们应该比“细节”（即抽象的可能实现）稳定得多。

与这样的代码对比一下好了：它们很少使用或不使用抽象，而是更多地通过具体类型及其特定操作直接通信。这种代码可是够“细节化”了——事实上，它浮游于细节大海之中，注定将很快淹没在这个大海里。

## 示例

**例** 绘制形状。绘制形状是一个经典示例。一个典型的 C 风格的、使用类型分支的解决方案会给每个形状定义一个枚举成员变量 id_来保存形状的类型：矩形、圆，等等。绘制代码会查找

---

① 原文 switch off 有关闭的双关意义。——译者注

类型并完成特定任务:

```
class Shape {//……
  enum {RECTANGLE, TRIANGLE, CIRCLE }id_;

  void Draw() const {
    switch( id_ ) {                    // 不好
    case RECTANGLE:
      // ……矩形绘制代码……
      break;
    case TRIANGLE:
      // ……三角形绘制代码……
      break;
    case CIRCLE:
      // ……圆形绘制代码……
      break;
    default:                           // 不好
      assert( ! "Oops, forgot to update this switch when adding a new Shape" );
      break;
    }
  }
};
```

　　这样的代码将在其自身重量、脆弱、不灵活和复杂的压力压迫下摇摇欲坠。具体而言,它将受累于第 22 条中论及的可怕的过渡性循环依赖。default 分支本身表明存在"不知道怎样处理此类型"综合征的症状。与任何面向对象教材中都能找到的实现对比一下吧:

```
class Shape { // ……
  virtual void Draw() const = 0;        // 让每个派生类来实现
};
```

　　作为替代方案(或者附加选择),可以考虑如下实现,它遵循尽可能在编译时做决定的建议(见第 64 条):

```
template<class S>
void Draw( const S& shape ) {
  shape.Draw();                        // 可能是也可能不是虚函数;
};                                     // 见第64条
```

　　现在绘制各个几何图形的职责由图形实现本身负责了,"不知道怎样处理此类型"的症状不会再出现了。

## 参考文献

[Dewhurst03] §69, §96• [Martin96c]• [Meyer00]• [Stroustrup00] §12.2.5• [Sutter04] §36

# 第91条
# 依赖类型，而非其表示方式

## 摘要

不要企图给对象拍 X 光片（见第 96 条）：不要对对象在内存中的准确表示方式做任何假设。相反，应该让类型决定如何在内存中读写其对象。

## 讨论

C++标准对类型的内存表示方式只有如下几个规定。

- 整数保证以 2 为基数。
- 负整数保证以 2 的补码形式表示。
- 普通旧式数据（POD）[①]类型的内存布局与 C 兼容：成员变量根据声明的顺序存储。
- int 至少有 16 位。

特别是，以下情况可能很常见，但是在所有目前的体系结构上并无任何保证，而且在更新的体系结构上很有可能根本就不成立。

- int 不会恰好为 32 位，或者其他某个特定的固定大小。
- 指针和 int 的大小并不总是相同的，而且并不总是能任意互相转换的。
- 类的布局并不总是根据声明的顺序存储基类和成员。
- 类（甚至是 POD）的成员之间为了对齐可能存在间隙。
- offsetof 只适用于 POD，而非所有类（但是编译器可能不会报错）。
- 类可能会具有隐藏字段。
- 指针可能看起来与整数完全不同。对于两个有序指针，如果将它们强制转换为整数值，那么所得到的值可能不会保持原来的顺序。
- 不能对自动变量的内存布局或者栈增长的方向做任何可移植性方面的假设。
- 函数指针的大小可能与 void*不同，虽然有些 API 要求我们认为两者大小相同。
- 由于对齐问题，无法总是在任意内存地址写入任意对象，即使有足够的空间。

只要适当地定义类型，然后用这些类型来读写数据，就可以不用考虑位、字和地址。C++内存模型可以确保程序高效执行，无需程序员求诸于操作数据的表示方式。所以不要那样做。

## 参考文献

[Dewhurst03]§95

---

[①] POD（Plain Old Data）是 C++标准使用到却没有明确定义的术语，有的文献直接将其与 C 语言的 struct（比如 [Dewhurst03]）划等号，而有的文献如[Cline99]的网上版本（http://www.parashift.com/c++-faq-lite 26.7）中则将其定义为 "C++中一些类型，它们有 C 语言等价物，而且初始化、复制、布局和寻址均采取 C 语言规则的类型"，并有比较复杂的一些定义规则（如没有四大特殊成员函数，见本书 "构造、析构与赋值" 部分；非静态成员必须为 public；没有虚拟函数和基类）。比较权威的定义应该来自 Walter Brown 所写的标准文档 C++ *Language Note: POD Type*："POD 类型是标量类型和 POD 类类型的总称，标量类型包括算术类型、枚举类型、指针类型和成员指针类型，POD 类类型包括 POD struct 类型和 POD union 类型。" 从内存布局而言，POD 的内存字节是连续的。——译者注

# 第92条
# 避免使用 reinterpret_cast

## 摘要

谎言总是站不住脚的（德国和罗马尼亚谚语）：不要尝试使用 reinterpret_cast 强制编译器将某个类型对象的内存表示重新解释成另一种类型的对象。这违反了维护类型安全性的原则，尤其可怕的是，reinterpret_cast 甚至不能保证是否能够达到这一目的，也无法保证其他功能。

## 讨论

再次告诫：欺骗编译器的人，最终将自食恶果。——Henry Spencer

reinterpret_cast 表示的是程序员对对象表示方式的最强假设，换言之，程序员认为自己比编译器知道得多——甚至坚决到不使用带有编译器精心维护的类型信息的参数。如果我们让编译器靠边站，它会照办的，但是强行这么做应该是别无选择时的最后手段。要避免对数据的表示方式做任何假设，因为这种假设将极大地影响代码的安全性和可靠性。

此外，reinterpret_cast 的后果实际上远比仅仅重新解释对象的位模式（这已经够糟了）更糟。除了有些转换保证可逆外，reinterpret_cast 的后果实际上取决于具体编译器实现如何定义，因此甚至无法知道编译器是否会那样做。它既不可靠又不可移植。

## 例外情况

有些与特定系统相关的底层编程，要求使用 reinterpret_cast 在端口串行输入和输出数据，或者转换某些地址中的整数。最大限度地减少使用不安全的强制转换，只在将其抽象出来的一些隐藏较好的函数中使用，这样代码就能为移植做好准备，且无需太多改动。如果需要在不相关的指针类型之间强制转换，应该通过 void*进行转换，不要直接用 reinterpret_cast。也就是说，不要这样编写：

```
T1* p1 = ... ;
T2* p2 = reinterpret_cast<T2*>( p1 );
```
而应该写成：
```
T1* p1 = ... ;
void* pV = p1;
T2* p2 = static_cast<T2*>( pV );
```

## 参考文献

[C++03] §5.2.10(3)• [Dewhurst03] §39• [Stroustrup00] §5.6

# 第❽③条
# 避免对指针使用 static_cast

## 摘要

不要对动态对象的指针使用 static_cast：安全的替代方法有很多，包括使用 dynamic_cast，重构，乃至重新设计。

## 讨论

应该考虑用功能更强的近亲操作符 dynamic_cast 代替 static_cast，这样就不必老操心 static_cast 什么时候安全，什么时候危险了。虽然 dynamic_cast 的效率稍微差一些，但是它还能检查非法强制转换（不要忘了第 8 条的建议"不要进行不成熟的优化"）。用 static_cast 代替 dynamic_cast，就好比为了一年省九毛钱而不开楼梯上的夜灯，甘愿冒摔断腿的危险。

设计中应该消除向下强制：对代码进行重构或者重新设计，消除其必要性。如果发现自己正在向一个函数传递 Base，其实这个函数真正需要的是 Derived，那么就该检查一下调用链，找出在哪里丢失了必需的类型信息；经常修改一些函数原型会得出优秀的解决方案，这同时还能使我们理清类型信息的流向。

向下强制过多可能说明基类接口不太足。这会产生这样的设计：将过多功能定义在派生类中，而每次需要扩展类的接口时都要向下强制。比较好的一个解决方案是重新设计基类接口，提供更多的功能。

当且仅当 dynamic_cast 的开销确实成问题时（见第 8 条），才应该考虑自定义强制转换，在调试时使用 dynamic_cast，而在"全速无保证"模式下使用 static_cast（参阅[Stroustrup00]）。

```
template<class To, class From> To checked_cast( From* from ) {
  assert( dynamic_cast<To>(from) == static_cast<To>(from) &&"checked_cast failed");
  return static_cast<To>( from );
}
template<class To, class From> To checked_cast( From& from ) {
  typedef tr1::remove_reference<To>::type* ToPtr;   //利用  leverage [C++TR104]
  assert( dynamic_cast<ToPtr>(&from) == static_cast<ToPtr>(&from) && "checked_cast failed" );
  return static_cast<To>( from );
}
```

这一对函数（分别为指针和引用所需的）只是测试两个强制转换是否一致。根据自己的需要定制 checked_cast，或者用某个库提供的函数实现，这个任务留给读者完成。

## 参考文献

[Dewhurst03] §29, §35, §41 • [Meyers97] §39  • [Stroustrup00] §13.6.2  • [Sutter00] §44

# 第❹❹条
# 避免强制转换 const

## 摘要

莫因恶小而为之：强制转换 const 有时会导致未定义的行为，即使合法，也是不良编程风格的主要表现。

## 讨论

选择 const 之后，就（应该）永不回头。如果对象的最初定义为 const，强制转换掉它的常量性，将使所有保护失效，程序完全处于未定义行为状态。例如，编译器可能会（而且确实会）将常量数据放在只读存储器（ROM）中或者写保护的随机访问存储（RAM）页中。对这种物理上的 const 对象，如果强制转换掉其常量性将是一种应该惩罚的不良操作，而且也经常会表现为内存故障。

即使这种转换不会导致程序崩溃，也破坏了承诺，不会如我们所预期的那样表现。例如，以下代码并不能分配一个可变大小的数组：

```
void Foolish( unsigned int n ) {
  const unsigned int size = 1;
  const_cast<unsigned int&>(size) = n;        // 糟糕: 别这样做
  char buffer[size];                          // 大小将总是为1
  // ……
}
```

C++有一个隐式的 const_cast，可以将字符串常量"起死回生"为 char*：

```
char* weird = "Trick or treat?";
```

编译器将不加提示地执行 const_cast，将 const char[16]强制转换为 char*。之所以允许如此，是为了保持与 C 语言的 API 的兼容性，但这是 C++类型系统的一个漏洞。字符串常量可以存放在 ROM 中，因此试图修改字符串很容易导致内存故障。

## 例外情况

在调用常量不正确的 API（见第 15 条）时，强制转换掉 const 可能是必需的。如果一个函数必须接收和返回相同类型的引用，且该函数有 const 和非 const 的重载版本，而其中一个是通过调用另一个来实现的，那么也需要强制转换掉 const：

```
const Object& f( const Object& );
Object& f( Object& obj ) {
  const Object& ref = obj;
  return const_cast<Object&>( f(ref) );       // 必须强制转换掉返回类型的const
}
```

## 参考文献

[Dewhurst03] §32, §40 • [Sutter00] §44

# 第❽❺条
# 不要使用 C 风格的强制转换

## 摘要

年纪并不意味着智慧：C 语言风格的强制转换根据上下文具有不同（而且经常很危险）的语义，而所有这些都隐藏在相同的语法背后。用 C++风格的强制转换代替 C 风格的强制转换有助于防范意想不到的错误。

## 讨论

C 风格强制转换的问题之一在于，同一种语法会根据所包含（#include）的文件等等奇怪因素产生微妙差异的不同作用。C++风格的强制转换虽然保留了一些与生俱来的危险性，但是有很多优点：避免了上述的多义现象，能够清晰地说明意图，容易查找，编程时间更长（这能够使人三思而行），不会不加提示地插入有害的 reinterpret_cast（见第 92 条）。

考虑以下代码，其中 Derived 继承自 Base：

```
extern void Fun( Derived* );
void Gun( Base* pb ) {
  // 假设Gun明确知道pb实际上指向的是Derived
  // 而且想传给Fun
  Derived* pd = (Derived*)pb;                    // 糟糕: C风格的强制转换
  Fun( pd );
}
```

如果 Gun 能访问 Derived 的定义（比如通过包含 "&derived.h"），那么编译器就能具备必需的对象布局信息，能够在将 Base 强制转换为 Derived 时对指针进行必要的调整。但是，假设 Gun 的编写者忘记了包含相应的定义文件，而且 Gun 只看到一个前向声明 class Derived;。在此情况下，编译器会假定 Base 和 Derived 是两个不相关的类型，并将构成 Base*的位重新解释为 Derived*，而不会进行对象布局所要求的必要调整！

简而言之，如果忘记了包含定义，那么即使代码能够没有报错地通过编译，也将莫名其妙地崩溃。避免这一问题可以这样编程：

```
extern void Fun( Derived* );
void Gun( Base* pb ) {
  // 如果我们明确知道pb实际指向的是Derived，那么可以用如下代码:
  Derived* pd = static_cast<Derived*>(pb);       // 很好: C++风格强制转换
  // 或者用: = dynamic_cast<Derived*>(pb);        // 很好: C++风格强制转换
  Fun(pd);
}
```

现在，如果编译器没有足够的、有关 Base 和 Derived 之间关系的静态信息，那么它将报告一个错误，不会自动执行按位的（可能非常致命的）reinterpret_cast（见第 92 条）。

C++风格的强制转换还可以在系统演化过程中保护代码的正确性。假设一个以 Employee 为根的类层次结构，需要为每个 Employee 定义惟一的雇员 ID。那么，可以将 ID 定义为指向 Employee 本身的一个指针。指针惟一地标识了它们所指向的对象，而且能够用于比较其相同性，完全符合我们的需要。因此我们可以这样编程：

```
typedef Employee* EmployeeID;
Employee& Fetch( EmployeeID id ) {
  return *id;
}
```

假设按照这一设计，已经编写了一部分代码。后来，情况发生了变化，需要将记录保存在一个关系数据库中。显然，保存指针是不合适的，所以设计必须修改了，每个雇员都应该有一个惟一的整数标识值。然后，就可以将整数 ID 保存到数据库中，并用一个散列表将 ID 映射到 Employee 对象了。现在的 typedef 变为：

```
typedef int EmployeeID;
Employee& Fetch( EmployeeID id ) {
  return employeeTable_.lookup(id);
}
```

这个设计是有效的，而且我们期望所有对 EmployeeID 的误用都应该引发编译时错误。的确如此，除了这一段有些晦涩的代码：

```
void TooCoolToUseNewCasts( EmployeeID id ) {
  Secretary* pSecretary = (Secretary*)id;      //糟糕：C风格的强制转换
  // ……
}
```

使用原来的 typedef 时，C 风格强制转换将执行 static_cast；而使用新的 typedef 时，它会对某个整数执行 reinterpret_cast，这肯定会置代码于未定义行为的可怕状况中（见第 92 条）。

C++风格的强制转换可以很容易地使用 grep 这样的自动化工具进行查找。（但是没有什么 grep 正则表达式能够找到 C 风格强制转换的语法。）因为强制转换非常危险（尤其是针对指针的 static_cast，以及 reinterpret_cast；见第 92 条），所以使用自动化工具来掌握其情况总是不错的办法。

## 参考文献

[Dewhurst03] §40 • [Meyers96] §2 • [Stroustrup00] §15.4.5 • [Sutter00] §44

# 第 96 条
# 不要对非 POD 进行 **memcpy** 操作或者 **memcmp** 操作

## 摘要

不要企图给对象拍 X 光片（见第 91 条）：不要用 memcpy 或 memcmp 来复制或比较任何对象，除非有什么对象的布局就是原始内存。

## 讨论

memcpy 和 memcmp 会扰乱类型系统。用 memcpy 来复制对象就好像是用复印机印钱。用 memcmp 来比较对象就好像是盲人摸象。这两种工具和方式看似可行，实则过于粗糙了，根本无法接受。

C++对象的要点就在于信息隐藏（这无疑是软件工程中最具效果的原则；见第 11 条）：对象隐藏了数据（见第 41 条），并且通过构造函数和赋值操作符（见第 52 条至第 55 条）设计了用于复制数据的精确抽象。使用 memcpy 粗鲁地干扰这一切，将严重违反信息隐藏的原则，而且经常会导致内存泄漏和资源泄漏（这还是最好的情况）、程序崩溃（更差）或者未定义的行为（最糟的情况）。例如：

```
{
  shared_ptr<int> p1( new int ), p2( new int );      // 在堆中创建两个int
  memcpy( &p1, &p2, sizeof(p1) );                     // 糟糕：无法容忍的粗暴操作
} // 内存泄漏：p2的int永远都不会被删除
  // 内存访问失败：p1的int被删除了两次
```

滥用 memcpy 可能会影响到对象类型和标识这样的基本方面。编译器经常会在多态对象中嵌入一些隐藏数据（所谓的虚拟函数表指针，即 vptr），为对象提供运行时标识。在多重继承情况下，对象中在不同偏移位置会有多个这种 vptr 共存，而使用虚拟继承时，大部分编译器实现都会添加更多内部指针。一般使用中，由编译器负责管理所有这些隐藏数据，而 memcpy 将只会为此带来灾难。

类似地，memcmp 也不适合用于比较任何比位更复杂的东西。有时候，它的功能不够（例如，比较 C 风格的字符串与比较实现 string 的指针是不同的）。而与此矛盾的是，有时候它又做得过多（例如，memcmp 会毫无必要地比较并不属于对象状态的字节，包括编译器为了对齐而插入的填充字节）。无论是哪种情况，比较的结果都是错的。

## 参考文献

[Dewhurst03] §50 • [Stroustrup94] §11.4.4

# 第 97 条
# 不要使用联合重新解释表示方式

## 摘要

偷梁换柱也是一种欺骗：通过在 union 中写入一个成员而读取另一个的滥用方式可以获得"无需强制转换的强制转换"。这比起 reinterpret_cast（见第 92 条）更阴险，也更难预测。

## 讨论

除最后写入的字段之外不要读取 union 中的其他字段。读取这样的字段会导致未定义的行为，这比执行 reinterpret_cast（见第 92 条）要糟糕得多。对于后者，至少编译器还有一线生机发出警告，拒绝诸如将指针转换为字符这样的"不可能的重新解释"。而错误使用 union 时，对内存表示的任何重新解释都不会产生编译时错误或者可靠的结果。

考虑以下代码，它的目的是保存某类型（char*）的值，并以另一种类型（long）提取其内存表示：

```
union {
 long intValue_;
 char* pointerValue_;
};
pointerValue_ = somePointer;
long int gotcha = intValue_;
```

这一代码有两个问题。

* 假设太多。它假设 sizeof(long)和 sizeof(char*)相等，而且其内存表示完全一样。这种假设无法对所有编译器实现都成立（见第 91 条）。

* 混淆了编写者的意图，对代码阅读者和编译器皆然。这样偷梁换柱地使用 union，给编译器发现真正的类型错误增加了难度，给代码阅读者发现逻辑错误也增加了难度，这与臭名昭著的 reinterpret_cast（见第 92 条）相比实在是有过之而无不及。

## 例外情况

如果两个 POD struct 是一个 union 的成员，而且均以相同的字段类型开始，那么对这种匹配的字段来说，写入其中一个而读取另一个是合法的。

## 参考文献

[Alexandrescu02b] • [Stroustrup00] §C.8.2 • [Sutter04] §36

# 第 98 条
# 不要使用可变长参数（...）

## 摘要

省略会导致崩溃[①]：省略号（...）[②]是来自 C 语言的危险遗产。要避免使用可变长参数[③]，应改用高级的 C++结构和库。

## 讨论

函数的参数数量可变具有很多优点，但是 C 语言风格的可变长参数却不是获得这种功能的好办法。可变长参数有许多严重的缺点。

- 缺乏类型安全性。省略号本质上是告知编译器："关闭所有检查。从此由我接管，启动 reinterpret_cast。"（见第 92 条）。
- 调用者与被调用者之间存在紧密耦合，而且需要手动协调。因为禁用了语言的类型检查功能，所以在调用点必须使用其他方式交流所传递的参数类型。这种交流方式（例如 printf 的格式字符串）因既易出错又不安全而出名，原因是无法对其进行完整的检查，也不能由调用者或被调用者强制施行（见第 99 条）。
- 类类型对象的行为未定义。在 C++中通过可变长参数传递基本类型或 POD 类型之外的任何东西，其行为都是未定义的。糟糕的是，大多数编译器对此还不会发出警告。
- 参数的数量未知。即使对于参数类型（例如 int）已知的最简单的可变长参数函数（例如 min），仍然需要一种交流方式来说明参数数量。（具有讽刺意味的是，这是一件好事，因为这进一步证明了使用可变长参数的不妥。）

要避免在函数的签名中使用可变长参数。要避免在签名中使用可变长参数的函数，包括遗留代码中的函数和标准 C 库函数，比如 sprintf。必须承认，调用 sprintf 往往比其等效调用（使用 stringstream 进行格式化和用 operator<<来输出）看起来更紧凑而且更容易阅读，就好像也必须承认，跳进一辆不带讨厌的安全带和保险杠的汽车更容易一样。冒这样的风险是不值得的。在写本书时，与 printf 相关的漏洞仍然是严重的安全问题（参阅[Cowan01]），而且为了帮助查找这种类型错误，居然有一个小行业在从事相关工具的开发（参阅[Tsai01]）。

有些类型安全的程序库通过其他方法支持可变长参数的功能，应该使用这些库。例如，[Boost] 的 format 库就使用了 C++高级特性将类型安全与速度和使用方便很好地结合在了一起。

## 参考文献

[Boost] • [Cowan01] • [Murray93] §2.6 • [Sutter04] §2-3 • [Tsai01]

---

[①] 此处原文省略号 ellipse 和崩溃 collapse 是押韵的。中文只能力求体现这一点。——译者注

[②] C/C++中省略号用于函数参数列表中，表示实际参数的数量应等于或者大于所指定的形参。——译者注

[③] 原文为 vararg，由于 C 中对应的头文件已经改为 stdarg.h，而且 C 和 C++标准中均没有这一术语出现，应该说此术语已经过时。我们在此改用标准中"variable-length argument"一词的对应译文，请读者注意。——译者注

# 第❾❾条
# 不要使用失效对象。不要使用不安全函数

## 摘要

不要使用失效药：失效对象和老的但是不安全的函数会对程序的健康产生极大的破坏。

## 讨论

失效对象主要有三种。

- 已销毁对象。典型的例子包括超出作用域的自动对象和已删除堆中分配（heap-based）的对象。在调用对象的析构函数后，其生存期即告结束，再对它进行任何操作都将是未定义的，而且一般而言也是不安全的。

- 语义失效对象。典型的例子包括指向已删除对象的虚悬（dangling）指针（例如，delete p; 语句之后的指针 p）和失效迭代器（例如，在迭代器所指容器的开始插入之后的 vector<T>::iterator i）。请注意，虚悬指针和失效迭代器概念上完全相同，而且后者经常直接包含前者。除了给失效对象赋予另一个有效值（例如 p=new Object; 或者 i = v.begin(); ）之外，其他任何操作通常都是未定义的、不安全的。

- 从来都有效的对象。例子包括通过伪造指针（使用 reinterpret_cast，见第 92 条）"获得"的对象，或者越界访问数组。

应该了解对象的生存期和有效性。决不要对失效的迭代器或指针进行析值操作。不要假设 delete 会做什么，不会做什么。释放了的内存已经释放，此后任何情况下都不应再访问它。不要尝试通过手动调用析构函数（例如 obj.~T()），然后再调用 placement new，拿对象的生存期玩火（见第 55 条）。

不要使用不安全的 C 语言遗留函数：strcpy、strncpy、sprintf 或其他要对不检查范围的缓冲区进行写入操作、不检查和不能正确处理越界错误的函数。C 语言的 strcpy 不检查缓冲区的界限，[C99]的 strncpy 虽然检查缓冲区界限，但是到达缓冲区界限时却不添加 null，使用这两个函数迟早会使程序出现崩溃，它们都是安全隐患。请使用更现代、更安全也更灵活的结构和函数，比如 C++标准库中的设施（见第 77 条）。虽然它们也并不总是百分之百安全（出于效率考虑），但是它们的出错概率小得多，能够更好地用来编写安全的代码。

## 参考文献

[C99] • [Sutter00] §1 • [Sutter04] §2-3

# 第⑩条
# 不要多态地处理数组

## 摘要

数组的可调整性很差：多态地处理数组是绝对的类型错误，而且编译器有可能不会做出任何提示。不要掉入这一陷阱。

## 讨论

指针可同时满足两种目的：一种是作为别名（对象的小标识符），一种是作为数组迭代器（可以用指针运算遍历对象数组）。用作别名时，将指向 Derived 的指针当作指向 Base 的指针处理是极有意义的。但是，如果用于数组迭代功能，这种替换就会出问题，因为 Derived 类型的数组与 Base 类型的数组是不同的。举例说明吧：老鼠和大象都是哺乳动物，但这并不是说护送一千头大象的车队会和一千只老鼠的一样长。

在这里大小非常重要。将一个指向 Derived 的指针替换为指向 Base 的指针时，编译器能够准确地知道怎样调整指针（如果必需），因为它充分具备了两个类的信息。然而，在对指向 Base 的指针 p 进行指针运算时，编译器会将 p[n] 计算为 *(p + n * sizeof(Base))，因此是将内存中的对象都当作 Base 类型的了——而不是大小可能不同的派生类型对象。想象一下，如果将标记 Derived 数组起始的指针转换成了 Base*（编译器将不加提示地允许），然后再对此指针进行指针运算（编译器还是不会有任何表示的!），那么要彻底地破坏一个数组就很容易了！

这种错误是可替换性（规定指向派生类的指针可用作指向其基类的指针）和 C 语言遗留的指针运算（认为指针是单态的，只使用静态信息计算跨距）之间糟糕的交互作用引起的。

要存储多态对象的数组，需要用到一个基类指针（例如原始指针，或更好的 shared_ptr；见第 79 条）的数组（使用真正的容器更好；见第 77 条）。这样数组中每个指针都指向一个多态对象（很可能分配在自由存储区中）。或者，如果要为存有多态对象的容器公用接口，那么需要封装整个数组，并提供一个多态的接口进行迭代。

顺便提及，在接口中之所以应该使用引用而不是指针，原因就在于要清楚地说明所讨论的是一个对象，而不是对象数组。

## 参考文献

[C++TR104] • [Dewhurst03] §33, §89 • [Meyers96] §3 • [Sutter00] §36

# 参 考 文 献

请注意，为了浏览方便，本参考文献可以从下列网址获得：

http://www.gotw.ca/publications/c++cs/bibliography.htm

黑体印刷的参考文献（比如，**[Abrahams96]**）在网上的版本中都有链接。

[Abelson96]   H. Abelson and G. J.[①] Sussman. *Structure and Interpretation of Computer Programs (2nd Edition)* (MIT Press, 1996).[②]

**[Abrahams96]**   D. Abrahams. "Exception Safety in STLport" (STLport 网站, 1996).

[Abrahams01a]   D. Abrahams. "Exception Safety in Generic Components," in M. Jazayeri, R. Loos, D. Musser (eds.), *Generic Programming: International Seminar on Generic Programming, Dagstuhl Castle, Germany, April/May 1998, Selected Papers,* Lecture Notes in Computer Science 1766 (Springer, 2001).

**[Abrahams01b]**   D. Abrahams. "Error and Exception Handling" ([Boost] website, 2001).

**[Alexandrescu00a]**   A. Alexandrescu. "Traits: The else-if-then of Types" *(C++ Report,* 12(4), April 2000).

**[Alexandrescu00b]**   A. Alexandrescu. "Traits on Steroids" (*C++ Report*, 12(6), June 2000).

**[Alexandrescu00c]**   A. Alexandrescu and P. Marginean. "Change the Way You Write Exception-Safe Code—Forever" (*C/C++ Users Journal*, 18(12), December 2000).

[Alexandrescu01]   A. Alexandrescu. *Modern C++ Design* (Addison-Wesley, 2001).[③]

**[Alexandrescu01a]**   A. Alexandrescu. "A Policy-Based basic_string Implementation" (*C/C++ Users Journal,* 19(6), June 2001).

**[Alexandrescu02a]**   A. Alexandrescu. "Multithreading and the C++ Type System" (InformIT website, February 2002).

---

① Harold Abelson 和 Gerald Jay Sussman 是 MIT 教授，合著的《计算机程序的构造与解释》一书对计算机程序教学产生了深远影响。——译者注

② 《计算机程序的构造与解释》，中文版由机械工业出版社出版。——译者注

③ 《C++设计新思维》，中文版由华中科技大学出版社出版。——译者注

**[Alexandrescu02b]**    A. Alexandrescu. "Discriminated Unions (I)," "… (II)," and "… (III)" (*C/C++ Users Journal*, 20(4,6,8), April/June/August 2002).

**[Alexandrescu03a]**    A. Alexandrescu. "Move Constructors" (*C/C++ Users Journal*, 21(2), February 2003).

**[Alexandrescu03b]**    A. Alexandrescu. "Assertions" (*C/C++ Users Journal*, 21(4), April 2003).

**[Alexandrescu03c]**    A. Alexandrescu and P. Marginean. "Enforcements" (*C/C++ Users Journal*, 21(6), June 2003).

**[Alexandrescu03d]**    A. Alexandrescu and D. Held. "Smart Pointers Reloaded" (*C/C++ Users Journal*, 21(10), October 2003).

[Alexandrescu04]    A. Alexandrescu. "Lock-Free Data Structures" (*C/C++ Users Journal,* 22(10), October 2004).

[Allison98]    C. Allison. C & C++ *Code Capsules* (Prentice Hall, 1998).[1]

[Austern99]    M. H. Austern. *Generic Programming and the STL* (Addison-Wesley, 1999).[2]

[Barton94]    J. Barton and L. Nackman. *Scientific and Engineering C++* (Addison-Wesley, 1994).

[Bentley00]    J. Bentley.[3] *Programming Pearls* (2$^{nd}$ *Edition*) (Addison-Wesley, 2000).[4]

**[BetterSCM]**    Better SCM 项目网站.

**[Boost]**    C++ Boost.

**[BoostLRG]**    "Boost Library Requirements and Guidelines" (Boost website).

[Brooks95]    F. Brooks. *The Mythical Man-Month* (Addison-Wesley, 1975; reprinted with corrections in 1995).[5]

[Butenhof97]    D. Butenhof. *Programming with POSIX Threads* (Addison-Wesley, 1997).[6]

[Cargill92]    T. Cargill. *C++ Programming Style* (Addison-Wesley, 1992).

[C90]    ISO/IEC 9899:1990(E), *Programming Languages—C* (ISO C90 and ANSI C89 Standard).

[C99]    ISO/IEC 9899:1999(E), *Programming Languages—C* (revised ISO and ANSI C99 Standard).

[C++98]    ISO/IEC 14882:1998(E), *Programming Languages—C++* (ISO and ANSI C++ Standard).

---

① 《C 和 C++代码锦囊》，中文版由人民邮电出版社出版。——译者注
② 《泛型编程与 STL》，中文版由中国电力出版社出版。——译者注
③ Jon Bentley 是著名的计算机科学家，因在 *Communications of ACM* 杂志发表的 "编程珠玑" 专栏以及此后由此结集出版的同名著作而在程序设计界享有盛誉。——译者注
④ 《编程珠玑（第 2 版）》，中文版及英文影印版均由人民邮电出版社出版。——译者注
⑤ 《人月神话》，英文影印版由人民邮电出版社出版，中文版由清华大学出版社出版。——译者注
⑥ 《POSLX 多线性程序设计》，中文版由中国电力出版社出版。——译者注

[C++03]　　　　　ISO/IEC 14882:2003(E), *Programming Languages—C++* (updated ISO and ANSI C++ Standard including the contents of [C++98] plus errata corrections).

**[C++TR104]**　　ISO/IEC JTC1/SC22/WG21/N1711. *(Draft) Technical Report on Standard Library Extensions* (ISO C++ committee working document, November 2004). 这是接近完成的 C++标准库扩展草案，定于 2005 年发布，其中包括 shared_ptr.

[Cline99]　　　　M. Cline, G. Lomow, and M. Girou. C++ *FAQs* (2$^{nd}$ *Edition*) (Addison-Wesley, 1999).[1]

[Constantine95]　L. Constantine. *Constantine on Peopleware* (Yourdon Press, 1995).

[Coplien92]　　　J. Coplien. *Advanced* C++ *Programming Styles and Idioms* (Addison-Wesley, 1992).[2]

[Cormen01]　　　T. Cormen, C. Leiserson, R. Rivest, C. Stein. *Introduction to Algrithms* (2$^{nd}$ *Edition*) (MIT Press, 2001).[3]

**[CVS]**　　　　　CVS 主页.

[Cowan01]　　　　C. Cowan, M. Barringer, S. Beattie, and G. Kroah-Hartman. "FormatGuard: Automatic Protection From printf Format String Vulnerabilities" (*Proceedings of the 2001 USENIX Security Symposium,* August 2001, Washington, D.C.).

[Dewhurst03]　　S. Dewhurst. C++ *Gotchas* (Addison-Wesley, 2003).[4]

**[Dinkumware-Safe]**　Dinkum Unabridged Library 文档 (Dinkumware 网站).

[Ellis90]　　　　M. Ellis and B. Stroustrup. *The Annotated C++ Reference Manual* (Addison-Wesley, 1990).

[Gamma95]　　　E. Gamma, R. Helm, R. Johnson, and J. Vlissides. *Design Patterns: Elements of Reusable Object-Oriented Software* (Addison-Wesley, 1995).[5]

**[GnuMake]**　　　Gnu make (Gnu 网站).

**[GotW]**　　　　H. Sutter. *Guru of the Week* 专栏.

**[Henney00]**　　　K. Henney. "C++ Patterns: Executing Around Sequences" (EuroPLoP 2000 proceedings).

**[Henney01]**　　　K. Henney. "C++ Patterns: Reference Accounting" (EuroPLoP 2001 proceedings).

**[Henney02a]**　　K. Henney. "Stringing Things Along" (*Application Development Advisor,* July-August 2002).

**[Henney02b]**　　K. Henney. "The Next Best String" (*Application Development Advisor,* October

---

① 《C++经典问答》，中文版由中国电力出版社出版。——译者注
② 《Advanced C++中文版》，中文版由中国电力出版社出版。——译者注
③ 《算法导论》，英文影印版由高等教育出版社出版，中文版由机械工业出版社出版。——译者注
④ 《C++ Gotchas》，英文影印版由中国电力出版社出版。——译者注
⑤ 《设计模式》，英文影印版和中文版均由机械工业出版社出版。——译者注

2002).

**[Henricson97]**    M. Henricson and E. Nyquist. *Industrial Strength C++* (Prentice Hall, 1997).

**[Horstmann95]**    C. S. Horstmann. "Safe STL" (1995).

[Josuttis99]    N. Josuttis. *The C++ Standard Library* (Addison-Wesley, 1999).[1]

[Keffer95]    T. Keffer. *Rogue Wave C++ Design, Implementation, and Style Guide* (Rogue Wave Software, 1995).

[Kernighan99]    B. Kernighan and R. Pike. *The Practice of Programming* (Addison-Wesley, 1999).[2]

[Knuth89]    D. Knuth. "The Errors of TeX" (*Software—Practice & Experience*, 19(7), July 1989.

[Knuth97a]    D. Knuth. *The Art of Computer Programming, Volume 1: Fundamental Algorithms* (3$^{rd}$ *Edition*) (Addison-Wesley, 1997).[3]

[Knuth97b]    D. Knuth. *The Art of Computer Programming, Volume 2: Seminumerical Algorithms* (3$^{rd}$ *Edition*) (Addison-Wesley, 1997).

[Knuth98]    D. Knuth. *The Art of Computer Programming, Volume 3: Sorting and Searching* (2$^{nd}$ *Edition*) (Addison-Wesley, 1998).

[Koenig97]    A. Koenig and B. Moo. *Ruminations on C++* (Addison-Wesley, 1997).[4]

[Lakos96]    J. Lakos. *Large-Scale C++ Software Design* (Addison-Wesley, 1996).[5]

[Liskov88]    B. Liskov. "Data Abstraction and Hierarchy" (*SIGPLAN Notices,* 23(5), May 1988).

**[Martin96a]**    R. C. Martin. "The Dependency Inversion Principle" (*C++ Report,* 8(5), May 1996).

**[Martin96b]**    R. C. Martin. "Granularity" (*C++ Report,* 8(9), October 1996).

**[Martin96c]**    R. C. Martin. "The Open-Closed Principle" (*C++ Report,* 8(1), January 1996).

[Martin98]    R. C. Martin, D. Riehle, F. Buschmann (eds.). *Pattern Languages of Program Design 3* (Addison-Wesley, 1998).

[Martin00]    R. C. Martin, "Abstract Classes and Pure Virtual Functions" in R. C. Martin (ed.), *More C++ Gems* (Cambridge University Press, 2000).

[McConnell93]    S. McConnell.[6] *Code Complete* (Microsoft Press, 1993).[7]

[Metrowerks]    Metrowerks.

[Meyer00]    B. Meyer. *Object-Oriented Software Construction (2$^{nd}$ Edition)* (Prentice Hall, 2000).

[1] 《C++标准程序库》，中文版由华中科技大学出版社出版。——译者注
[2] 《程序设计实践》，英文影印版和中文版均由机械工业出版社出版。——译者注
[3] 《计算机程序设计艺术》（3卷本）英文影印版由机械工业出版社出版，中文版由国防工业出版社出版。——译者注
[4] 《C++沉思录》，中文版由人民邮电出版社出版。——译者注
[5] 《大规模C++软件设计》，中文版由中国电力出版社出版。——译者注
[6] Steve McConnell 是著名的软件开发技术作家，曾担任 *IEEE Software* 杂志的主编，所著《代码大全》、《快速软件开发》等书均广受欢迎。——译者注
[7] 《代码大全》，英文影印版和中文版均由电子工业出版社出版。——译者注

[Meyers96]　　　　S. Meyers. *More Effective C++* (Addison-Wesley, 1996).①

[Meyers97]　　　　S. Meyers. *Effective C++* (2$^{nd}$ *Edition*) (Addison-Wesley, 1997).②

**[Meyers00]**　　　S. Meyers. "How Non-Member Functions Improve Encapsulation" (*C/C++ Users Journal*, 18(2), February 2000).

[Meyers01]　　　　S. Meyers. *Effective STL* (Addison-Wesley, 2001).③

[Meyers04]　　　　S. Meyers and A. Alexandrescu. "C++ and the Perils of Double-Checked Locking, Part 1" and "…Part 2" (*Dr. Dobb's Journal,* 29(7,8), July and August 2004).

[Milewski01]　　　B. Milewski. C++ *In Action (*Addison-Wesley, 2001).

[Miller56]　　　　G. A. Miller. "The Magical Number Seven, Plus or Minus Two: Some Limits on Our Capacity for Processing Information" (*The Psychological Review*, 1956, vol. 63).

**[MozillaCRFAQ]**　"Frequently Asked Questions About mozilla.org's Code Review Process" (Mozilla website).

[Murray93]　　　　R. Murray. *C++ Strategies and Tactics* (Addison-Wesley, 1993).

[Musser01]　　　　D. R. Musser, G. J. Derge, and A. Saini. *STL Tutorial and Reference Guide, 2$^{nd}$ Edition* (Addison-Wesley, 2001).

[Parnas02]　　　　D. Parnas. "The Secret History of Information Hiding" (*Software Pioneers: Contributions To Software Engineering,* Springer-Verlag, New York, 2002).

[Peters99]　　　　T. Peters. "The Zen of Python" (comp.lang.python, June 1999).

[Piwowarski82]　　P. Piwowarski. "A Nesting Level Complexity Measure" (*ACM SIGPLAN Notices,* 9/1982).

**[Saks99]**　　　　D. Saks. "Thinking Deeply," "Thinking Deeper," and "Thinking Even Deeper" (*C/C++ Users Journal*, 17(4,5,6), April, May, and June 1999).

[Schmidt01]　　　D. Schmidt, M. Stal, H. Rohnert, F. Buschmann. *Pattern-Oriented Software Architecture, Volume 2: Patterns for Concurrent and Networked Objects* (Wiley, 2001).④

**[SeamonkeyCR]**　"Seamonkey Code Reviewer's Guide" (Mozilla 网站).

[Sedgewick98]　　R. Sedgewick. *Algorithms in C++, Parts 1-4: Fundamentals, Data Structure, Sorting, Searching (3$^{rd}$ Edition)* (Addison-Wesley, 1998).⑤

**[STLport-Debug]**　B. Fomitchev. "STLport: Debug Mode" (STLport website).

[Stroustrup94]　　B. Stroustrup. *The Design and Evolution of* C++ (Addison-Wesley, 1994).⑥

---

① 同名中文版由中国电力出版社出版。——译者注
② 同名中文版由华中科技大学出版社出版。——译者注
③ 同名中文版由清华大学出版社出版。——译者注
④ 中文版《面向模式的软件体系结构 卷2》，机械工业出版社出版。——译者注
⑤《算法 I~IV（C++实现）》，英文影印版由高等教育出版社出版。——译者注
⑥《C++语言的设计与演化》，中文版由机械工业出版社出版。——译者注

[Stroustrup00]     B. Stroustrup. *The C++ Programming Language (Special 3^{rd} Edition)* (Addison-Wesley, 2000).①

**[Sutter99]**     H. Sutter. "ACID Programming" (*Guru of the Week #61*).

[Sutter00]     H. Sutter. *Exceptional C++* (Addison-Wesley, 2000).②

[Sutter02]     H. Sutter. *More Exceptional C++* (Addison-Wesley, 2002).③

[Sutter03]     H. Sutter. "Generalizing Observer" (*C/C++ Users Journal,* 21(9), September 2003).

[Sutter04]     H. Sutter. *Exceptional C++ Style* (Addison-Wesley, 2004).④

[Sutter04a]     H. Sutter. "Function Types" (C/C++ *Users Journal,* 22(7), July 2004).

[Sutter04b]     H. Sutter. "When and How To Use Exceptions" (*C/C++ Users Journal*, 22(8), August 2004).

[Sutter04c]     H. Sutter. "'Just Enough' Thread Safety" (*C/C++ Users Journal,* 22(9), September 2004).

[Sutter04d]     H. Sutter. "How to Provide (or Avoid) Points of Customization in Templates" (*C/C++ Users Journal,* 22(11), November 2004).

**[SuttHysl01]**     H. Sutter and J. Hyslop. "Hungarian wartHogs" (*C/C++ Users Journal,* 19(11), November 2001).

**[SuttHysl02]**     H. Sutter and J. Hyslop. "A Midsummer Night's Madness" (*C/C++ Users Journal,* 20(8), August 2002).

**[SuttHysl03]**     H. Sutter and J. Hyslop. "Sharing Causes Contention" (*C/C++ Users Journal,* 21(4), April 2003).

[SuttHysl04a]     H. Sutter and J. Hyslop. "Getting Abstractions" (*C/C++ Users Journal,* 22(6), June 2004).

[SuttHysl04b]     H. Sutter and J. Hyslop. "Collecting Shared Objects" (*C/C++ Users Journal,* 22(8), August 2004).

[Taligent94]     *Taligent's Guide to Designing Programs* (Addison-Wesley, 1994).

[Tsai01]     T. Tsai and N. Singh. "Libsafe 2.0: Detection of Format String Vulnerability Exploits" (Avaya Labs, March 2001).

[Vandevoorde03]     D. Vandevoorde and N. Josuttis. *C++ Templates* (Addison-Wesley, 2003).⑤

[Webber03]     A. B. Webber. *Modern Programming Languages: A Practical Introduction* (Franklin, Beedle & Associates, 2003).

---

① 《C++程序设计语言（特别版）》，中文版由机械工业出版社出版。——译者注
② 同名中文版由中国电力出版社出版。——译者注
③ 同名中文版由华中科技大学出版社出版。——译者注
④ 同名中文版由人民邮电出版社即将出版。——译者注
⑤ 同名中文版由人民邮电出版社出版。——译者注

# 摘 要 汇 总

## 组织和策略问题

**第 0 条**　不要拘泥于小节（又名：了解哪些东西不应该标准化）

只规定需要规定的事情：不要强制施加个人喜好或者过时的做法。

**第 1 条**　在高警告级别干净利落地进行编译

高度重视警告：使用编译器的最高警告级别。应该要求构建是干净利落的（没有警告）。理解所有的警告。通过修改代码而不是降低警告级别来排除警告。

**第 2 条**　使用自动构建系统

一次按键就解决问题：使用完全自动化（"单操作"）的构建系统，无需用户干预即可构建整个项目。

**第 3 条**　使用版本控制系统

好记性不如烂笔头（中国谚语）：请使用版本控制系统（version control system，VCS）。永远不要让文件长时间地登出。在新的单元测试通过之后，应该频繁登入。确保登入的代码不会影响构建成功。

**第 4 条**　做代码审查

审查代码：更多的关注有助于提高质量。亮出自己的代码，阅读别人的代码。互相学习，彼此都会受益。

## 设计风格

**第 5 条**　一个实体应该只有一个紧凑的职责

一次只解决一个问题：只给一个实体（变量、类、函数、名称空间、模块和库）赋予一个定义良好的职责。随着实体变大，其职责范围自然也会扩大，但是职责不应该发散。

**第 6 条**　正确、简单和清晰第一

软件简单为美（Keep It Simple Software，KISS）：正确优于速度。简单优于复杂。清晰优于机巧。安全优于不安全（见第 83 条和第 99 条）。

**第 7 条**　编程中应知道何时和如何考虑可伸缩性

小心数据的爆炸性增长：不要进行不成熟的优化，但是要密切关注渐近复杂性。处理用户数据的算法对所处理的数据量耗费的时间应该是可预测的，最好不差于线性关系。如果能够证明优化必要而且非常重要，尤其在数据量逐渐增长的情况下，那么应该集中精力改善算法的 O(N)复杂性，而不是进行小型的优化，比如节省一个多余的加法运算。

第 8 条    不要进行不成熟的优化

拉丁谚语云，快马无需鞭策：不成熟优化的诱惑非常大，而它的无效性也同样严重。优化的第一原则就是：不要优化。优化的第二原则（仅适用于专家）是：还是不要优化。再三测试，而后优化。

第 9 条    不要进行不成熟的劣化

放松自己，轻松编程：在所有其他事情特别是代码复杂性和可读性都相同的情况下，一些高效的设计模式和编程惯用法会从你的指尖自然流出，而且不会比悲观的替代方案更难写。这并不是不成熟的优化，而是避免不必要的劣化（pessimization）。

第 10 条    尽量减少全局和共享数据

共享会导致冲突：避免共享数据，尤其是全局数据。共享数据会增加耦合度，从而降低可维护性，通常还会影响性能。

第 11 条    隐藏信息

不要泄密：不要公开提供抽象的实体的内部信息。

第 12 条    懂得何时和如何进行并发性编程

安线全程地：如果应用程序使用了多个线程或者进程，应该知道如何尽量减少共享对象（见第 10 条），以及如何安全地共享必须共享的对象。

第 13 条    确保资源为对象所拥有。使用显式的 RAII 和智能指针

利器在手，不要再徒手为之：C++的 "资源获取即初始化"（resource acquisition is initialization，RAII）惯用法是正确处理资源的利器。RAII 使编译器能够提供强大且自动的保证，这在其他语言中可是需要脆弱的手工编写的惯用法才能实现的。分配原始资源的时候，应该立即将其传递给属主对象。永远不要在一条语句中分配一个以上的资源。

## 编程风格

第 14 条    宁要编译时和连接时错误，也不要运行时错误

能够在编译时做的事情，就不要推迟到运行时：编写代码时，应该在编译期间使用编译器检查不变式（invariant），而不应该在运行时再进行检查。运行时检查取决于控制流和数据的具体情况，这意味着很难知道检查是否彻底。相比而言，编译时检查与控制流和数据无关，一般情况下能够获得更高的可信度。

第 15 条    积极使用 const

const 是我们的朋友：不变的值更易于理解、跟踪和分析，所以应该尽可能地使用常量代替变量，定义值的时候，应该把 const 作为默认的选项：常量很安全，在编译时会对其进行检查（见第 14

条），而且它与 C++ 的类型系统已浑然一体。不要强制转换 const 的类型，除非要调用常量不正确的函数（见第 94 条）。

**第 16 条　避免使用宏**

实_不_相_瞒：宏是 C 和 C++ 语言的抽象设施中最生硬的工具，它是披着函数外衣的饥饿的狼，很难驯服，它会我行我素地游走于各处。要避免使用宏。

**第 17 条　避免使用"魔数"**

程序设计并非魔术，所以不要故弄玄虚：要避免在代码中使用诸如 42 和 3.14159 这样的文字常量。它们本身没有提供任何说明，并且因为增加了难于检测的重复而使维护更加复杂。可以用符号名称和表达式替换它们，比如 width * aspectRatio。

**第 18 条　尽可能局部地声明变量**

避免作用域膨胀，对于需求如此，对于变量也是如此。变量将引入状态，而我们应该尽可能少地处理状态，变量的生存期也是越短越好。这是第 10 条的一个特例，但值得单独阐述。

**第 19 条　总是初始化变量**

一切从白纸开始：未初始化的变量是 C 和 C++ 程序中错误的常见来源。养成在使用内存之前先清除的习惯，可以避免这种错误，在定义变量的时候就将其初始化。

**第 20 条　避免函数过长，避免嵌套过深**

短胜于长，平优于深：过长的函数和嵌套过深的代码块的出现，经常是因为没能赋了一个函数以一个紧凑的职责所致（见第 5 条），这两种情况通常都能够通过更好的重构予以解决。

**第 21 条　避免跨编译单元的初始化依赖**

保持（初始化）顺序：不同编译单元中的名字空间级对象决不应该在初始化上互相依赖，因为其初始化顺序是未定义的。这样做会惹出很多麻烦，轻则在项目中稍做修改就会引发奇怪的崩溃，重则出现严重的不可移植问题——即使是同一编译器的新版本也不行。

**第 22 条　尽量减少定义性依赖。避免循环依赖**

不要过分依赖：如果用前向声明（forward declaration）能够实现，那么就不要包含（#include）定义。

不要互相依赖：循环依赖是指两个模块直接或者间接地互相依赖。所谓模块就是一个紧凑的发布单元（见"名字空间与模块"部分的引言部分）。互相依赖的多个模块并不是真正的独立模块，而是紧紧胶着在一起的一个更大的模块，一个更大的发布单元。因此，循环依赖有碍于模块性，是大型项目的祸根。避免循环依赖。

**第 23 条　头文件应该自给自足**

各司其责：应该确保所编写的每个头文件都能够独自进行编译，为此需要包含其内容所依赖的所有头文件。

**第 24 条　总是编写内部#include 保护符，决不要编写外部#include 保护符**

为头（文件）添加保护：在所有头文件中使用带有唯一名称的包含保护符（#include guard）防

止无意的多次包含。

## 函数与操作符

第 25 条　正确地选择通过值、（智能）指针或者引用传递参数

正确选择参数：分清输入参数、输出参数和输入/输出参数，分清值参数和引用参数。正确地传递参数。

第 26 条　保持重载操作符的自然语义

程序员讨厌意外情况：只在有充分理由时才重载操作符，而且应该保持其自然语义；如果做到这一点很困难，那么你可能已经误用了操作符重载。

第 27 条　优先使用算术操作符和赋值操作符的标准形式

如果要定义 a+b，也应该定义 a+=b：在定义二元算术操作符时，也应该提供操作符的赋值形式，并且应该尽量减少重复，提高效率。

第 28 条　优先使用++和--的标准形式。优先调用前缀形式

如果定义++c，也要定义 c++：递增和递减操作符很麻烦，因为它们都有前缀和后缀形式，而两种形式语义又略有不同。定义 operator++和 operator--时，应该模仿它们对应的内置操作符。如果不需要原值，应该优先调用前缀版本。

第 29 条　考虑重载以避免隐含类型转换

如无必要勿增对象（奥卡姆剃刀原理）：隐式类型转换提供了语法上的便利（但另见第 40 条）。但是如果创建临时对象的工作并不必要而且适于优化（见第 8 条），那么可以提供签名与常见参数类型精确匹配的重载函数，而且不会导致转换。

第 30 条　避免重载&&、||或，（逗号）

明智就是知道何时应该适可而止：内置的&&、|| 和 ，（逗号）得到了编译器的特殊照顾。如果重载它们，它们就会变成普通函数，具有完全不同的语义（这将违反第 26 条和第 31 条），这肯定会引入微妙的错误和缺陷。不要轻率地重载这些操作符。

第 31 条　不要编写依赖于函数参数求值顺序的代码

保持（求值）顺序：函数参数的求值顺序是不确定的，因此不要依赖具体的顺序。

## 类的设计与继承

第 32 条　弄清所要编写的是哪种类

了解自我：有很多种不同的类。弄清楚要编写的是哪一种。

第 33 条　用小类代替巨类

分而治之：小类更易于编写，更易于保证正确、测试和使用。小类更有可能适用于各种不同情况。应该用这种小类体现简单概念，不要用大杂烩式的类，它们要实现的概念既多又复杂（见第 5 条和第 6 条）。

第 34 条　用组合代替继承

避免继承带来的重负：继承是 C++中第二紧密的耦合关系，仅次于友元关系。紧密的耦合是一种不良现象，应该尽量避免。因此，应该用组合代替继承，除非知道后者确实对设计有好处。

第 35 条　避免从并非要设计成基类的类中继承

有些人并不想生孩子：本意是要独立使用的类所遵守的设计蓝图与基类不同（见第 32 条）。将独立类用作基类是一种严重的设计错误，应该避免。要添加行为，应该添加非成员函数而不是成员函数（见第 44 条）。要添加状态，应该使用组合而不是继承（见第 34 条）。要避免从具体的基类中继承。

第 36 条　优先提供抽象接口

偏爱抽象艺术吧：抽象接口有助于我们集中精力保证抽象的正确性，不至于受到实现或者状态管理细节的干扰。优先采用实现了（建模抽象概念的）抽象接口的设计层次结构。

第 37 条　公用继承即可替换性。继承，不是为了重用，而是为了被重用

知其然：公用继承能够使基类的指针或者引用实际指向某个派生类的对象，既不会破坏代码的正确性，也不需要改变已有代码。

还要知其所以然：不要通过公用继承重用（基类中的已有）代码，公用继承是为了被（已经多态地使用了基对象的已有代码）重用的。

第 38 条　实施安全的覆盖

负责任地进行覆盖：覆盖一个虚拟函数时，应该保持可替换性；说得更具体一些，就是要保持基类中函数的前后条件。不要改变虚拟函数的默认参数。应该显式地将覆盖函数重新声明为 virtual。谨防在虚拟类中隐藏重载函数。

第 39 条　考虑将虚拟函数声明为非公用的，将公用函数声明为非虚拟的

在基类中进行修改代价高昂（尤其是库中和框架中的基类）：请将公用函数设为非虚拟的。应该将虚拟函数设为私有的，或者如果派生类需要调用基类版本，则设为保护的。（请注意，此建议不适用于析构函数；见第 50 条。）

第 40 条　要避免提供隐式转换

并非所有的变化都是进步：隐式转换所带来的影响经常是弊大于利。在为自定义类型提供隐式转换之前，请三思而行，应该依赖的是显式转换（explicit 构造函数和命名转换函数）。

第 41 条　将数据成员设为私有的，无行为的聚集（C 语言形式的 struct）除外

它们不关调用者的事：将数据成员设为私有的。简单的 C 语言形式的 struct 类型只是将一组值聚集在一起，并不封装或者提供行为，只有在这种 struct 类型中才可以将所有数据成员都设成公用的。要避免将公用数据和非公用数据混合在一起，因为这几乎总是设计混乱的标志。

第 42 条　不要公开内部数据

不要过于自动自发：避免返回类所管理的内部数据的句柄，这样类的客户就不会不受控制地修改对象自己拥有的状态。

第 43 条　明智地使用 Pimpl

抑制语言的分离欲望：C++将私有成员指定为不可访问的，但并没有指定为不可见的。虽然这样自有其好处，但是可以考虑通过 Pimpl 惯用法使私有成员真正不可见，从而实现编译器防火墙，并提高信息隐藏度（见第 11 条和第 41 条）。

第 44 条　优先编写非成员非友元函数

要避免交成员费：尽可能将函数指定为非成员非友元函数。

第 45 条　总是一起提供 new 和 delete

它们是一揽子交易：每个类专门的重载 void* operator new(*parms*)都必须与对应的重载 void operator delete(void*, *parms*)相随相伴，其中 *parms* 是额外参数类型的一个列表（第一个总是 std::size_t）。数组形式的 new[]和 delete[]也同样如此。

第 46 条　如果提供类专门的 new，应该提供所有标准形式（普通、就地和不抛出）

不要隐藏好的 new：如果类定义了 operator new 的重载，则应该提供 operator new 所有三种形式——普通（plain），就地（in-place）和不抛出（nothrow）的重载。不然，类的用户就无法看到和使用它们。

## 构造、析构与复制

第 47 条　以同样的顺序定义和初始化成员变量

与编译器一致：成员变量初始化的顺序要与类定义中声明的顺序始终保持一致；不用考虑构造函数初始化列表中编写的顺序。要确保构造函数代码不会导致混淆地指定不同的顺序。

第 48 条　在构造函数中用初始化代替赋值

设置一次，到处使用：在构造函数中，使用初始化代替赋值来设置成员变量，能够防止发生不必要的运行时操作，而输入代码的工作量则保持不变。

第 49 条　避免在构造函数和析构函数中调用虚拟函数

虚拟函数仅仅"几乎"总是表现得虚拟：在构造函数和析构函数中，它们并不虚拟。更糟糕的是，从构造函数或析构函数直接或者间接调用未实现的纯虚拟函数，会导致未定义的行为。如果设计方案希望从基类构造函数或者析构函数虚拟分派到派生类，那么需要采用其他技术，比如后构造函数（post-constructor）。

第 50 条　将基类析构函数设为公用且虚拟的，或者保护且非虚拟的

删除，还是不删除，这是个问题：如果允许通过指向基类 Base 的指针执行删除操作，则 Base 的析构函数必须是公用且虚拟的。否则，就应该是保护且非虚拟的。

第 51 条　析构函数、释放和交换绝对不能失败

它们的一切尝试都必须成功：决不允许析构函数、资源释放（deallocation）函数（如 operator delete）或者交换函数报告错误。说得更具体一些，就是绝对不允许将那些析构函数可能会抛出异常的类型用于 C++标准库。

第 52 条　一致地进行复制和销毁

既要创建，也要清除：如果定义了复制构造函数、复制赋值操作符或者析构函数中的任何一个，那么可能也需要定义另一个或者另外两个。

第 53 条　显式地启用或者禁止复制

清醒地进行复制：在下述三种行为之间谨慎选择——使用编译器生成的复制构造函数和赋值操作符；编写自己的版本；如果不应允许复制的话，显式地禁用前两者。

第 54 条　避免切片。在基类中考虑用克隆代替复制

切片面包很好，切片对象则不然：对象切片是自动的、不可见的，而且可能会使漂亮的多态设计嘎然而止。在基类中，如果客户需要进行多态（完整的、深度的）复制的话，那么请考虑禁止复制构造函数和复制赋值操作符，而改为提供虚拟的 Clone 成员函数。

第 55 条　使用赋值的标准形式

赋值，你的任务：在实现 operator= 时，应该使用标准形式——具有特定签名的非虚拟形式。

第 56 条　只要可行，就提供不会失败的 swap（而且要正确地提供）

swap 既可无关痛痒，又能举足轻重：应该考虑提供一个 swap 函数，高效且绝对无误地交换两个对象。这样的函数便于实现许多惯用法，从流畅地将对象四处移动以轻易地实现赋值，到提供一个有保证的、能够提供强大防错调用代码的提交函数（另见第 51 条）。

## 名字空间与模块

第 57 条　将类型及其非成员函数接口置于同一名字空间中

非成员也是函数：如果要将非成员函数（特别是操作符和辅助函数）设计成类 X 的接口的一部分，那么就必须在与 X 相同的名字空间中定义它们，以便正确调用。

第 58 条　应该将类型和函数分别置于不同的名字空间中，除非有意想让它们一起工作

协助防止名字查找问题：通过将类型（以及与其直接相关的非成员函数，见第 57 条）置于自己单独的名字空间中，可以使类型与无意的 ADL（参数依赖查找，也称 Koenig 查找）隔离开来，促进有意的 ADL。要避免将类型和模板化函数或者操作符放在相同的名字空间中。

第 59 条　不要在头文件中或者#include 之前编写名字空间 using

名字空间 using 是为了使我们更方便，而不是让我们用来叨扰别人得：绝对不要编写 using 声明或者在#include 之前编写 using 指令。

推论：在头文件中，不要编写名字空间级的 using 指令或者 using 声明，相反应该显式地用名字空间限定所有的名字。（第二条规则是从第一条直接得出的，因为头文件无法知道以后其他头文件会出现什么样的#include。）

第 60 条　要避免在不同的模块中分配和释放内存

物归原位：在一个模块中分配内存，而在另一个模块中释放它，会在这两个模块之间产生微妙的远距离依赖，使程序变得脆弱。必须用相同版本的编译器、同样的标志（比较著名的比如用 debug

还是 NDEBUG）和相同的标准库实现对它们进行编译，实践中，在释放内存时，用来分配内存的模块最好仍在内存中。

第 61 条　不要在头文件中定义具有链接的实体

重复会导致膨胀：具有链接的实体（entity with linkage），包括名字空间级的变量或函数，都需要分配内存。在头文件中定义这样的实体将导致连接时错误或者内存的浪费。请将所有具有链接的实体放入实现文件。

第 62 条　不要允许异常跨越模块边界传播

不要向邻家的花园抛掷石头：C++异常处理没有普遍通用的二进制标准。不要在两段代码之间传播异常，除非能够控制用来构建两段代码的编译器和编译选项；否则模块可能无法支持可兼容地实现异常传播。这通常可以一言以蔽之：不要允许异常跨越模块或子系统边界传播。

第 63 条　在模块的接口中使用具有良好可移植性的类型

生在（模块的）边缘，必须格外小心：不要让类型出现在模块的外部接口中，除非能够确保所有的客户代码都能正确地理解该类型。应该使用客户代码能够理解的最高层抽象。

## 模板与泛型

第 64 条　理智地结合静态多态性和动态多态性

1 加 1 可远远不止是 2：静态多态性和动态多态性是相辅相成的。理解它们的优缺点，善用它们的长处，结合两者以获得两方面的优势。

第 65 条　有意地进行显式自定义

有意胜过无意，显式强似隐式：在编写模板时，应该有意地正确地、提供自定义点，并清晰地记入文档。在使用模板时，应该了解模板想要你如何进行自定义以将其用于你的类型，并且正确地自定义。

第 66 条　不要特化函数模板

只有在能够正确实施的时候，特化才能起到好作用：在扩展其他人的函数模板（包括 std::swap）时，要避免尝试编写特化代码；相反，要编写函数模板的重载，将其放在重载所用的类型的名字空间中（见第 56 条和第 57 条）。编写自己的函数模板时，要避免鼓励其他人直接特化函数模板本身（替代方法参见第 65 条）。

第 67 条　不要无意地编写不通用的代码

依赖抽象而非细节：使用最通用、最抽象的方法来实现一个功能。

## 错误处理与异常

第 68 条　广泛地使用断言记录内部假设和不变式

使用断言吧！广泛地使用 assert 或者等价物记录模块内部（也就是说，调用代码和被调用代码由同一个人或者小组维护）的各种假设，这些假设是必须成立的，否则就说明存在编程错误（例如，函数的调用代码检查到函数的后条件不成立）。（另见第 70 条。）当然，要确保断言不会产生任何副作用。

第 69 条　建立合理的错误处理策略，并严格遵守

应该在设计早期开发实际、一致、合理的错误处理策略，并予以严格遵守。许许多多的项目对这一点的考虑（或者错误估计）都相当草率，应该对此有意识地规定，并认真应用。策略必须包含以下内容：

- 鉴别：哪些情况属于错误。
- 严重程度：每个错误的严重性或紧急性。
- 检查：哪些代码负责检查错误。
- 传递：用什么机制在模块中报告和传递错误通知。
- 处理：哪些代码负责处理错误。
- 报告：怎样将错误记入日志，或通知用户。

只在模块边界处改变错误处理机制。

第 70 条　区别错误与非错误

违反约定就是错误：函数是一个工作单元。因此，失败应该视为错误，或根据其对函数的影响而定。在函数 f 中，当且仅当失败违反了 f 的一个前条件，或者阻碍了 f 满足其调用代码的任何前条件、实现 f 自己的任何后条件或者重新建立 f 有责任维持的不变式时，失败才是一个错误。

这里我们特别排除了内部的程序设计错误（即调用代码和被调用代码都由同一个人或者同一个团队负责，比如位于一个模块中），这种错误一般可以使用断言来解决（见第 68 条）。

第 71 条　设计和编写错误安全代码

承诺，但是不惩罚：在所有函数中，都应该提供最强的安全保证，而且不应惩罚不需要这种保证的调用代码。至少要提供基本保证。

确保出现错误时程序会处于有效状态。这是所谓的基本保证（basic guarantee）。要小心会破坏不变式的错误（包括但是不限于泄漏），它们肯定都是 bug。

应该进一步保证最终状态要么是最初状态（如果有错误，则回滚操作），要么是所希望的目标状态（如果没有错误，则提交操作）。这就是所谓的强保证（strong guarantee）。

应该进一步保证操作永远不会失败。虽然这对于大多数函数来说是不可能的，但是对于析构函数和释放函数这样的函数来说则是必须的。这就是所谓的不会失败保证（no-fail guarantee）。

第 72 条　优先使用异常报告错误

出现问题时，就使用异常：应该使用异常而不是错误码来报告错误。但不能使用异常时，对于错误以及不是错误的情况，可以使用状态码（比如返回码，errno）（见第 62 条）来报告异常。当不可能从错误中恢复或者不需要恢复时，可以使用其他方法，比如正常终止或者非正常终止。

第 73 条　通过值抛出，通过引用捕获

学会正确捕获（catch）：通过值（而非指针）抛出异常，通过引用（通常是 const 的引用）捕获异常。这是与异常语义配合最佳的组合。当重新抛出相同的异常时，应该优先使用 throw;，避免使用 throw e;。

第 74 条    正确地报告、处理和转换错误

什么时候说什么话：在检查出并确认是错误时报告错误。在能够正确处理错误的最近一层处理或者转换每个错误。

第 75 条    避免使用异常规范

对异常规范说不：不要在函数中编写异常规范，除非不得以而为之（因为其他无法修改的代码已经使用了异常规范，见本条例外情况）。

## STL：容器

第 76 条    默认时使用 vector。否则，选择其他合适的容器

使用"正确的容器"才是正道：如果有充分的理由使用某个特定容器类型，那就用好了，因为我们心中有数：自己做出了正确的选择。

使用 vector 同样如此：如果没有充分理由，那就编写 vector，继续前进，无需停顿，我们同样心中有数：自己做出了正确的选择。

第 77 条    用 vector 和 string 代替数组

何必用贵重的明代花瓶玩杂耍呢？不要使用 C 语言风格的数组、指针运算和内存管理原语操作实现数组抽象。使用 vector 或者 string 不仅更轻松，而且还有助于编写更安全、伸缩性更好的软件。

第 78 条    使用 vector（和 string::c_str）与非 C++API 交换数据

vector 不会在转换中迷失：vector 和 string::c_str 是与非 C++ API 通信的通道。但是不要将迭代器当作指针。要获取 vector<T>::iterator iter 所引用的元素地址，应该使用&*iter。

第 79 条    在容器中只存储值和智能指针

在容器中存储值对象：容器假设它们所存放的是类似值的类型，包括值类型（直接存放）、智能指针和迭代器。

第 80 条    用 push_back 代替其他扩展序列的方式

尽可能地使用 push_back：如果不需要操心插入位置，就应该使用 push_back 在序列中添加元素。其他方法可能极慢而且不简明。

第 81 条    多用范围操作，少用单元素操作

拉丁谚语云，顺风顺水无需桨：在序列容器中添加元素时，应该多用范围操作（例如接受一对迭代器为参数的 insert 形式），而不要连续调用该操作的单元素形式。调用范围操作通常更易于编写，也更易于阅读，而且比显式循环的效率更高（另见第 84 条）。

第 82 条    使用公认的惯用法真正地压缩容量，真正地删除元素

使用有效减肥法：要真正地压缩容器的多余容量，应该使用"swap 魔术"惯用法。要真正地删除容器中的元素，应该使用 erase-remove 惯用法。

# STL：算法

第 83 条　使用带检查的 STL 实现

安全第一（见第 6 条）：即使只在其中的一个编译器平台上可用，即使只能在发行前的测试中使用，也仍然要使用带检查的 STL 实现。

第 84 条　用算法调用代替手工编写的循环

明智地使用函数对象：对非常简单的循环而言，手工编写的循环有可能是最简单也是最有效率的解决方案。但是编写算法调用代替手工编写的循环，可以使表达力更强、维护性更好、更不易出错，而且同样高效。

调用算法时，应该考虑编写自定义的函数对象以封装所需的逻辑。不要将参数绑定器（parameter-binder）和简单的函数对象凑在一起（例如 bind2nd 和 plus），通常这会降低清晰性。还可以考虑尝试[Boost]的 Lambda 库，这个库自动化了函数对象的编写过程。

第 85 条　使用正确的 STL 查找算法

选择查找方式应"恰到好处"——正确的查找方式应该使用 STL（虽然比光速慢，但已经非常快了）：本条款适用于在一个范围内查找某个特定值，或者查找某个值的位置（如果它处在范围内的话）。查找无序范围，应使用 find/find_if 或者 count/count_if。查找有序范围，应使用 lower_bound、upper_bound、equal_range 或者（在少数情况下）binary_search（尽管 binary_search 有一个通行的名字，但是选择它通常并不一定正确）。

第 86 条　使用正确的 STL 排序算法

选择排序方式应"恰到好处"：理解每个排序算法的作用，选择能够实现所需而开销最低的算法。

第 87 条　使谓词成为纯函数

保持谓词纯洁性：谓词就是返回是或否（返回值通常为 bool 类型）的函数对象。从数学的意义上来说，如果函数的结果只取决于其参数，则该函数就是一个纯函数（请注意，这里"纯"的用法与纯虚拟函数毫无关系）。

不要让谓词保存或访问对其 operator()结果有影响的状态，包括成员状态和全局状态。应该使 operator()成为谓词的 const 成员函数（见第 15 条）。

第 88 条　算法和比较器的参数应多用函数对象少用函数

对象的适配性比函数好：应该向算法传递函数对象，而非函数。关联容器的比较器必须是函数对象。函数对象的适配性好，而且与直觉相反，它们产生的代码一般比函数要快。

第 89 条　正确编写函数对象

成本要低，而且要可适配：将函数对象设计为复制成本很低的值类型。尽可能地让它们从 unary_function 或 binary_function 继承，从而能够适配。

# 类型安全

第 90 条　避免使用类型分支，多使用多态

切勿分支：避免通过对象类型分支来定制行为。使用模板和虚函数，让类型自己（而不是调用它

们的代码）来决定行为。

**第 91 条　依赖类型，而非其表示方式**

不要企图给对象拍 X 光片（见第 96 条）：不要对对象在内存中的准确表示方式做任何假设。相反，应该让该类型决定如何在内存中读写其对象。

**第 92 条　避免使用 reinterpret_cast**

谎言总是站不住脚的（德国和罗马尼亚谚语）：不要尝试使用 reinterpret_cast 强制编译器将某个类型对象的内存表示重新解释成另一种类型的对象。这违反了维护类型安全性的原则，尤其可怕的是，reinterpret_cast 甚至不能保证是否能够达到这一目的，也无法保证其他功能。

**第 93 条　避免对指针使用 static_cast**

不要对动态对象的指针使用 static_cast：安全的替代方法有很多，包括使用 dynamic_cast，重构，乃至重新设计。

**第 94 条　避免强制转换 const**

莫因恶小而为之：强制转换 const 有时会导致未定义的行为，即使合法，也是不良编程风格的主要表现。

**第 95 条　不要使用 C 风格的强制转换**

年纪并不意味着智慧：C 语言风格的强制转换根据上下文具有不同（而且经常很危险）的语义，而所有这些都隐藏在相同的语法背后。用 C++风格的强制转换代替 C 风格的强制转换有助于防范意想不到的错误。

**第 96 条　不要对非 POD 进行 memcpy 操作或者 memcmp 操作**

不要企图给对象拍 X 光片（见第 91 条）：不要用 memcpy 或 memcmp 来复制或比较任何对象，除非有什么对象的布局就是原始内存。

**第 97 条　不要使用联合重新解释表示方式**

偷梁换柱也是一种欺骗：通过在 union 中写入一个成员而读取另一个的滥用方式可以获得"无需强制转换的强制转换"。这比起 reinterpret_cast（见第 92 条）更阴险，也更难预测。

**第 98 条　不要使用可变长参数（...）**

省略会导致崩溃：省略号（...）是来自 C 语言的危险遗产。要避免使用可变长参数，应改用高级的 C++结构和库。

**第 99 条　不要使用失效对象。不要使用不安全函数**

不要使用失效药：失效对象和老的但是不安全的函数会对程序的健康产生极大的破坏。

**第 100 条　不要多态地处理数组**

数组的可调整性很差：多态地处理数组是绝对的类型错误，而且编译器有可能不会做出任何提示。不要掉入这一陷阱。

# 索　　引

---

① 本索引中同行并列多条目之间使用逗号的，其后的条目为最前条目的二级条目。——译者注

---

① 指 catch(...)。——译者注

138
static binding（静态绑定），121
optional values（可选值）
　and map（和 map），154
order dependencies（顺序依赖性），19，
　23，25，39，52，53，54，69，86，
　109，110，124，169，176
Ostrich（鸵鸟），67
out_of_range，136
overload resolution（重载解析），77
overloading（重载）
　and conversions（和转换），70
　and function templates（和函数模板），
　　126
　of operators（操作符的），13
　to avoid implicit type conversions（避
　　免隐含类型转换），51
overriding（改写），66

## P

pair，56
parameters（参数）
　pass by value vs. pass by reference（通
　　过值传递与通过引用传递），18
　unused（未使用的）。参见 unused
　　parameters
partial specialization（部分特化）。参见
　specialization，partial
partial_sort，166
　example use of（使用示例），167
partial_sort_copy，166
partition，162，166
　example use of（使用示例），166
Pascal，36
pejorative language（贬语）
　and macros（和宏），32
performance（性能），28，141
Perlis, Alan，11，27，45，60，103，
　129，173
personal taste（个人喜好），2
pessimization（劣化）
　premature（不成熟的），18，50，87，
　　147，171
Pimpl，30，58，69，72，76，78，101，
　172，另见 encapsulation and
　dependency management
　and shared_ptr（和 shared_ptr），78
pipelining（流水线处理），16

placement（放置）
　of braces（括号的）。参见 brace
　　placement
plain old data（普通旧式数据）。参见
　POD
platform-dependent operations（平台相
　关的操作）
　wrapping（包装），21
Plauger, P.J.，173
plus，162，163
　example use of（使用示例），163
POD，176，183
pointer_to_unary_function，170
pointers（指针）
　and const（和 const），30
　and not static_cast（和不要用
　　static_cast），178
　dangling（虚悬），185
points of customization（自定义点）。参
　见 customization
policy classes（策略类）。参见 classes,
　policy
policy-based design（基于策略的设计），
　63
pollution（of names and namespaces）
　（（名字和名字空间的）污染），19，
　35，108，109，110
polymorphism（多态性），66
　and delete（和 delete），91
　and destruction（和析构），90
　and not arrays（和不用数组），186
　and slicing（和切片），96
　compile-time vs. run-time（编译时与
　　运行时），29
　controlled（控制），59
　dynamic（动态），64，120，128
　inclusion（包含），120
　post-hoc（假性因果），120
　static（静态），63，120
　static and dynamic（静态和动态），
　　120，175
　static vs. dynamic（静态与动态），65
　vs. slicing（与切片），144
　vs. switch on type tag（与通过类型标
　　志分支），38
　vs. switching on type（与通过类型分
　　支），174
Port，24
portable types（可移植类型）

and module interfaces（和模块接口），
　116
postconditions（后置条件），66，69，
　124，130，131，134，135，136，138，
　140，142
　and virtual functions（和虚拟函数），66
post-constructors（后构造函数），88
PostInitialize，89
pragmatists（实干家），11
Prasertsith, Chuti, xv
precompiled headers（预编译头文件），
　42
preconditions（前置条件），66，69，132，
　134，135，136，142
　and virtual functions（和虚拟函数），
　　66
predicates（谓词）。另见 function objects
pure functions（纯函数），168
premature optimization（不成熟优化）。
　参见 optimization，premature
pressure（压力）
priority_queue，166
processes（进程）
　multiple（多），21
profiler（分析器）
　and inline（和 inline），17
　using（使用）。参见 optimization
proverbs
　Chinese（中国），8
　German（德国），177
　Latin（拉丁），16，156
　Romanian（罗马尼亚），177
ptr_fun，170
public data（公用数据），20
push_back，15，155
Python，28

## Q

qualification（限定）
　explicit（显式），77，110
qualified（限定的）
　vs. unqualified（与未限定的），123

## R

race conditions（竞争条件），21
RAII，5，24，38，56，94，95。参见
　resource acquisition is initialization
　and copy assignment（和复制赋值），25
　and copy construction（和复制构造），
　　25

---

① 此处中英并非完全对应，参见第 98 条的译者注。——译者注